Elicardo Gonçalves
Davi Oliveira

Digitalização de filmes radiográficos através de mapeamento de fluorescência de raios X

Elicardo Gonçalves
Davi Oliveira

Digitalização de filmes radiográficos através de mapeamento de fluorescência de raios X

ScienciaScripts

Imprint

Cover image: www.ingimage.com

This book is a translation from the original published under ISBN 978-620-2-09273-9.

Publisher:
Sciencia Scripts
is a trademark of
Dodo Books Indian Ocean Ltd. and OmniScriptum S.R.L publishing group

120 High Road, East Finchley, London, N2 9ED, United Kingdom
Str. Armeneasca 28/1, office 1, Chisinau MD-2012, Republic of Moldova, Europe
Printed at: see last page
ISBN: 978-620-8-08741-8

ÍNDICE DE CONTEÚDOS

O CAMINHO QUE NOS TROUXE ATÉ AQUI

A maior dificuldade que tive quando estava a escrever este trabalho em formato académico foi a cronologia. Para trabalhos como este, um texto académico clássico tem uma introdução, seguida de um objetivo, um método para atingir esse objetivo, depois são apresentados dados e resultados e termina com uma conclusão. Em vez disso, quis escrever sobre toda a experiência, desde o momento em que escolhi os filmes radiográficos para simular na aula de modelação computacional, passando pelos erros e discordâncias entre modelos e dados experimentais e terminando com o meu próprio modelo e método.

Como mudei o objetivo e os métodos várias vezes, foi impossível fazê-lo. Na primeira vez que escrevi este trabalho, fiz os primeiros passos como as referências bibliográficas e a fundamentação teórica do meu trabalho. Isso não correu muito bem, e recebi vários conselhos para mudar, e tive que o fazer e colocar o meu trabalho num padrão clássico retirando uma grande parte do caminho para chegar aqui. Felizmente, este livro trouxe-me de volta a oportunidade de escrever sobre todos os resultados antes e depois, dizendo porque é que fiz cada uma das coisas que fiz e como é que decidi fazer isto como trabalho científico.

É claro que este livro também tem uma caraterística técnica, e o objetivo principal é descrever o meu trabalho, resultados e conclusões, como é suposto eu fazer, mas tenho mais liberdade para apresentar ao leitor os antecedentes e os resultados obtidos antes do meu trabalho. Assim, nos primeiros capítulos, apresentarei o que estava a tentar fazer e por que razão decidi mudar o objetivo e o método tantas vezes. Depois, apresentarei alguns pormenores sobre o que é exatamente o meu trabalho, o que fiz e como pode ser útil em algumas situações. Em seguida, falarei sobre quais poderão ser as consequências futuras deste trabalho do meu ponto de vista.

Começa com um modelo computacional que descreve o comportamento da película radiográfica, como objetivo das aulas de doutoramento. Após a sua criação, este modelo foi escolhido para implementar um simulador de Monte-Carlo que, até este momento, tinha apenas a fluorescência de raios X como método bem detalhado. O filme simulado pareceu funcionar bem em quase todos os comportamentos esperados, mas não em todos. De seguida, para realimentar o simulador com dados reais e tentar explicar porque tem alguns comportamentos errados, foram medidas películas radiográficas reais nas mesmas condições da simulação.

Durante os procedimentos experimentais, verificou-se que o principal problema era o instrumento de medição, e que o modelo estava provavelmente correto se este problema fosse considerado. A densidade ótica deixa de crescer a partir de um determinado valor, mas a densidade da prata nas películas não. Assim, de certa forma, a densidade ótica da luz visível, um método clássico de leitura de películas radiográficas, não é a melhor forma de o fazer, e outro método poderia obter mais informações.

Foram experimentados vários métodos, como a medição de massa, a reflexão da luz e a transmissão de luz infravermelha, mas apenas a fluorescência de raios X obteve o resultado esperado. A partir daí, o trabalho concentrou-se em estudar como o pico de prata por fluorescência de raios X poderia substituir a medição da densidade ótica quando se fala em quantificação da exposição e digitalização de imagens.

A fluorescência de raios X tem muitas vantagens como, não ser destrutiva, demorar pouco tempo a medir e, devido ao avanço tecnológico, pode ler um ponto muito pequeno na amostra. Permite-nos criar leituras de mapeamento, que resultam em imagens onde uma determinada cor corresponde a uma gama de valores de concentração. Os mapas de fluorescência de raios X foram feitos anteriormente, mostrando imagens com muito mais contraste, mostrando vários detalhes que não eram vistos antes, e provando que, pelo menos para alguns casos, a fluorescência de raios X pode ser melhor do que a luz.

O seu significado é discutido no último capítulo, depois de se explicarem mais pormenores sobre o que foi feito.

PORQUÊ UMA PELÍCULA RADIOGRÁFICA?

"Acho que podia trabalhar com um tema mais relevante", foi a primeira coisa que pensei quando o professor me disse que devia trabalhar com películas radiográficas e as suas propriedades. Na verdade, mesmo quando comecei este trabalho, a radiografia estava a tornar-se rapidamente digital sem qualquer utilização de película. Os últimos trabalhos que encontrei procurando artigos e trabalhos científicos sobre o assunto eram raros e de cinco anos atrás. Demorei algum tempo a acreditar no meu trabalho e na sua importância. Depois de todo este tempo poderia dizer muitas razões para o fazer, mas vou dizer apenas o que acho que é mais importante.

A primeira coisa que posso dizer é que o filme radiográfico ainda é muito utilizado principalmente em pequenas e médias clínicas médicas no Brasil e também em grande parte do mundo. O filme radiográfico tem um custo baixo para uso de baixa freqüência, e possivelmente será assim por muitos anos. Além dos usos médicos, a indústria (pelo menos a pequena e média) tem mostrado um comportamento conservador quando o assunto é a decisão de trocar o detetor de imagens radiográficas por um aparelho eletrônico.

Como direi em pormenor mais tarde, o baixo custo foi uma das razões pelas quais começámos a utilizá-lo e a tentar implementá-lo no simulador informático. Nessa altura, estávamos a pensar em comparar dados reais com o resultado da simulação, e o dispositivo mais barato para isso era a película radiográfica.

Como segunda razão, existem muitas utilizações invulgares para a película radiográfica, não apenas para produzir imagens convencionais. É útil para medir a exposição à radiação do feixe principal e também da dispersão, para a monitorização individual, para investigar a sobre-exposição acidental dos trabalhadores, para além de outras utilizações. A conclusão deste trabalho poderá melhorar a importância da película radiográfica em todos estes casos.

E, finalmente, a principal razão prende-se com o conhecimento técnico e científico: Uma vez que não podemos prever o futuro, também é impossível dizer com certeza se um novo conhecimento será utilizado no futuro ou não. A história está cheia de exemplos de ideias que eram inúteis na altura em que nasceram e que se tornaram muito importantes mais tarde, algumas delas eram tão importantes que até a vida quotidiana seria impensável sem elas. Uma grande parte deste trabalho não podia ser feito (pelo menos tão facilmente) décadas antes. Para conseguir o que foi feito, era necessário equipamento tecnológico e é difícil pensar que este tipo de aplicação pudesse ser feito antes dos dias de hoje. Se fosse feito, provavelmente seria nos últimos anos.

Capítulo 1

- RADIOGRAFIA E PELÍCULA RADIOGRÁFICA

Neste capítulo, serão abordados os princípios gerais da radiografia, da radiação de raios X, da fluorescência de raios X e das películas radiográficas. São necessários para a compreensão de todo o modelo.

1.1 - Radiação ionizante.

A radiação é um termo muito geral utilizado em muitas situações diferentes. Pode ser qualquer emissão ou transmissão de energia por ondas ou partículas, no vácuo ou noutro meio. Os principais tipos de radiação conhecidos são as ondas electromagnéticas e mecânicas e as partículas como as emissões alfa e beta. Mas quando se fala na palavra "radiação", as pessoas estão quase sempre a pensar num tipo específico de radiação, que se designa por **radiação ionizante.** Quase todos os tipos de radiação são capazes de, em alguma condição, ionizar algum tipo de material ou meio e este nome não pode ser tomado literalmente. O termo "ionizante" refere-se especificamente aos tecidos vivos que são constituídos em grande parte por átomos de carbono, hidrogénio e oxigénio. Isto significa que a radiação ionizante pode ser entendida como uma radiação com condições suficientes para retirar ou colocar carga nestes átomos.

A preocupação em criar este subgrupo específico de radiações deve-se a razões médicas, para acautelar os danos no corpo humano. Desde que foi descoberta, a proteção contra os danos causados pela radiação é uma das grandes áreas de estudo relacionadas com este tema. Ionizar alguns átomos pode não ser importante para objectos estáticos ou mesmo para equipamentos mecânicos e electrónicos onde as estruturas continuarão as mesmas, funcionando como se nada tivesse acontecido; mas é totalmente diferente num organismo vivo onde milhares de pequenos processos químicos estão a acontecer, e as moléculas estão a ser replicadas a todo o momento, e uma pequena alteração em certas moléculas pode abrir uma reação em cadeia causando vários danos graves no funcionamento dos tecidos.

A Radiação Ionizante pode ser corpuscular ou ondulatória. A primeira significa que o feixe é constituído por um grande número de partículas com elevada energia cinética que se dirigem para uma determinada direção. A Figura 1 mostra os principais tipos de radiação ionizante.

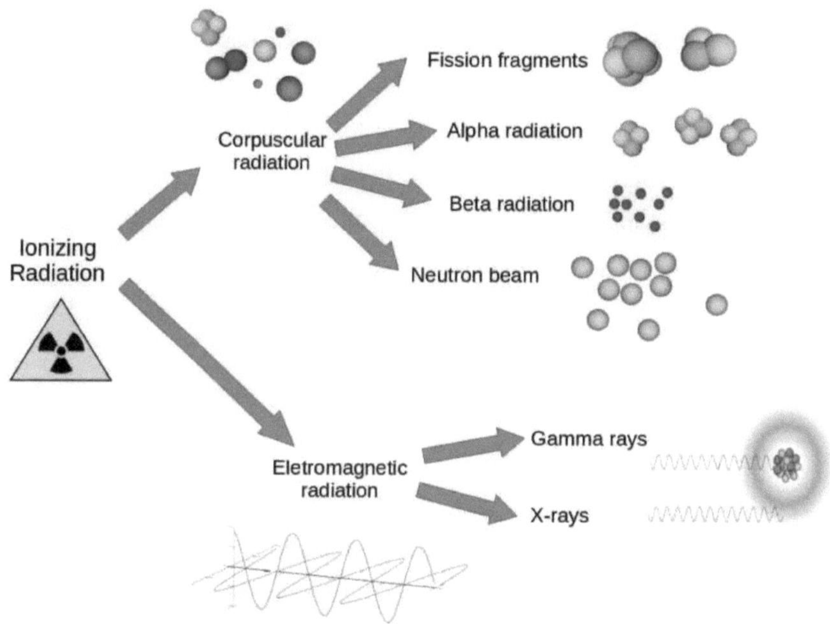

Figura 1: Os principais tipos de radiação ionizante.

As partículas mais comuns são: electrões acelerados, neutrões, protões, alfa, beta e fragmentos de ficção. Algumas destas partículas têm carga eléctrica e, por isso, provocam desequilíbrios eléctricos na zona onde param. São as chamadas radiações diretamente ionizantes. As partículas sem carga precisam de retirar os electrões do átomo do meio. Estas partículas pertencem ao grupo das radiações indiretamente ionizantes.

Outro tipo de radiação indiretamente ionizante é a radiação ondulatória, também conhecida como fotões ou radiação ionizante electromagnética. Estas radiações não têm carga nem massa, ou seja, a única forma de retirar electrões dos átomos é fornecendo-lhes energia suficiente. A energia do fotão está associada à frequência da onda. As ondas electromagnéticas têm um grande espetro e a luz também está presente, mas apenas os fotões de alta energia, como os raios X e os raios gama, podem ser considerados ionizantes. Naturalmente, o número de electrões e a sua disposição energética afectam a probabilidade de interação, pelo que a interação está relacionada com o número atómico.

Este tipo de radiação pode ser proveniente de fontes naturais ou artificiais. A fonte natural mais comum são os núcleos instáveis com uma disposição energética desequilibrada. A radiação proveniente desta fonte tem uma distribuição discreta de energia e é designada por radiação gama. Por outro lado, a forma mais comum de produzir artificialmente radiação electromagnética é desacelerar um eletrão num alvo de elevado número atómico. Produz raios X, o tipo de radiação mencionado neste trabalho.

1.2 - Radiografias

Os raios X são definidos como radiação electromagnética ionizante criada em camadas electrónicas. Devido ao facto de ser um tipo de radiação electromagnética que pode ser gerada artificialmente para diferentes fins, a radiação de raios X é largamente utilizada. Não só pela facilidade de manuseamento e simplicidade da sua produção, mas também pela otimização da proteção radiológica, uma vez que, cessada a alimentação eléctrica, a fonte deixa de emitir.

O equipamento típico responsável pela sua emissão é constituído por um cátodo e um ânodo, dentro de um tubo de vidro que mantém um elevado nível de vácuo. A figura 2 representa um tubo de raios X típico.

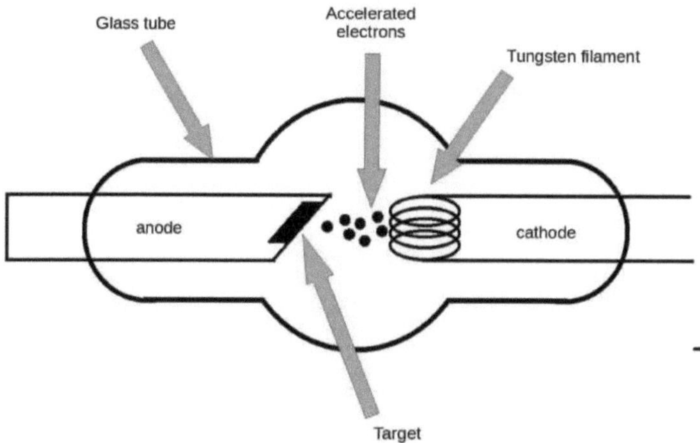

Figura 2: Componentes da ampola de raios X.

O cátodo é constituído, pelo menos, por um filamento, quase sempre de tungsténio. Quando uma corrente eléctrica passa através do filamento, este aquece e liberta alguns electrões, num processo conhecido como efeito termiónico. Devido a uma alta tensão entre o cátodo e o ânodo, os electrões livres aceleram na direção do ânodo, atingindo-o com alta energia. O ânodo tem um material com número atómico médio ou elevado, o que aumenta a probabilidade de interação com as suas camadas electrónicas. A colisão entre os electrões de alta energia e o ânodo pode desacelerar abruptamente estes electrões, criando o que é conhecido como *bremmstrahlung* (radiação de travagem). Como a geração de fotões é isotrópica, o tubo de vidro é normalmente selado com chumbo em todas as direcções, deixando uma pequena passagem aberta, por onde emerge a radiação produzida. Este não é um processo muito eficiente e quase toda a energia é perdida sob a forma de calor. Quando é criado um feixe de alta intensidade, é necessário um sistema de arrefecimento.

Apesar de ser sempre abrupta, a desaceleração não é a mesma em cada eletrão, é probabilística e depende de muitos parâmetros como o ângulo de dispersão, a energia cinética do eletrão e a localização do átomo em interação. Por este motivo, a energia dos fotões criados não é a mesma e tem uma distribuição contínua entre zero e a energia máxima (o valor do potencial elétrico cátodo-ânodo vezes a carga do eletrão). Ao atravessar a parede do tubo de vidro para o exterior, parte destes fotões é filtrada, principalmente os de menor energia. Isto aumenta a energia média do feixe. A distribuição da energia por fotão é mostrada no espetro de qualquer tubo de raios X, que tem uma forma caraterística. A figura 3 representa um espetro típico.

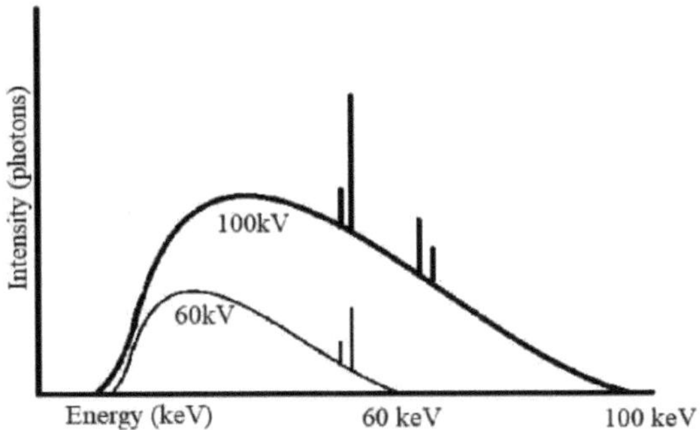

Figura 3: Espectro de um tubo de raios X.

Dois parâmetros importantes podem alterar o espetro. A corrente, medida em miliamperes, e o potencial elétrico, medido em kilo volts. A primeira é a corrente que passa pelo cátodo e é proporcional ao número de electrões livres acelerados contra o ânodo. Isto significa que quanto maior for a corrente, maior será o número de fotões produzidos e maior será a intensidade de cada ponto do espetro. Esta última deve-se à energia adquirida pelos electrões durante a sua aceleração, que é proporcional ao potencial elétrico entre o cátodo e o ânodo. Quanto maior for o potencial, mais energéticos são os electrões, e mais largo é o espetro de energias.

Outro efeito visível na distribuição de energia são os picos mais altos com valores de energia bem definidos, que se somam ao espetro contínuo. Isto deve-se à ionização dos átomos do ânodo, que ocorre nas primeiras camadas electrónicas, criando uma vaga. Para a preencher, descem electrões de uma camada de maior energia, gerando um fotão com o mesmo valor do intervalo de energia. A isto chama-se fluorescência de raios X e os fotões são denominados raios X caraterísticos. A intensidade dos raios X também é proporcional à corrente, mas não se altera devido à modificação da tensão.

1.3 - Radiografia: Passado e presente.

Desde a descoberta dos raios X por Wilhelm Conrad Roentgen, a radiografia tem sido amplamente utilizada em diversas áreas. O sucesso na época foi imediato. Antes mesmo da publicação do trabalho, Roentgen já havia enviado amostras do seu trabalho e radiografias de vários objectos a muitos correspondentes, dos quais tinha dezenas. A tática funcionou bem e em poucos dias a sua descoberta foi lida e comentada em quase todas as sociedades científicas.

Como toda grande descoberta, houve reconhecimento de muitos cientistas, críticas de outros, alegações de que outras pessoas já haviam descoberto isso, grande alarde da imprensa que distorcia o que era a descoberta e uma forte agitação em torno de Roentgen, fatos que provavelmente o impediram de pesquisar como antes, deixando que outras pessoas passassem, em pouco tempo, a sua frente na pesquisa das propriedades dos raios X.

O potencial da radiografia não foi ignorado pela indústria da época, nem mesmo pela indústria do entretenimento, fazendo com que a curiosidade e o fascínio dos misteriosos raios X não se confinassem aos laboratórios de investigação, mas a todo o tipo de atividade que as mentes da época pudessem imaginar. Sem o conhecimento atual dos efeitos biológicos das radiações, era possível encontrar desde fotógrafos que ofereciam a radiografia das mãos de um casal, até sapatarias que ofereciam equipamento de fluoroscopia para que o cliente pudesse ver como os pés encaixavam nos sapatos.

O equipamento de fluoroscopia, criado por Thomas Edison, não foi patenteado. Logo que começou a ser utilizado, as suspeitas sobre os efeitos maléficos causados pela radiação X fizeram com que se abandonasse a pretensão de produzi-lo em escala industrial. é possível pensar o quanto isso seria desastroso: Sabemos hoje que a fluoroscopia é responsável por uma dose de radiação muito superior à da radiografia convencional, e é a única técnica radiológica médica que já demonstrou efeitos determinísticos nos pacientes.

Na altura, a descoberta destes efeitos, juntamente com os recém-descobertos efeitos maléficos da radiação natural de alguns elementos para o corpo humano, levou, em 1928, à criação do Comité Internacional para a Proteção dos Raios X e do Radium, que mais tarde viria a chamar-se Comissão Internacional de Proteção Radiológica, a ICRP, Desde então, a sua utilização tem sido cada vez mais restrita à indústria, à investigação e à medicina, bem como o recurso crescente a práticas de proteção e minimização da exposição.

1.4 - Interação dos raios X com a matéria.

Os raios X são o tipo de radiação ionizante mais comum nas actividades humanas, devido às suas propriedades práticas e úteis, parâmetros controlados e tecnologia de fácil compreensão. Como em qualquer feixe de radiação não carregada, cada fotão de raios X tem uma probabilidade de interagir ou atravessar cada átomo no seu caminho. Quase todas as interações ocorrem na camada eletrónica e apenas algumas podem interagir com os núcleos. Entre as
formas de interação, as mais importantes são o efeito fotoelétrico, o efeito Compton, a dispersão coerente e a produção de pares.

Um fotão pode "colidir" com um eletrão numa camada eletrónica de um átomo. A forma como isso acontece vai distinguir o efeito. No primeiro caso, toda a energia do fotão será transferida para o eletrão e, consequentemente, o fotão desaparecerá, como mostra a figura 4. Uma parte da energia será utilizada para libertar o eletrão do átomo e o resto será transformado em energia cinética do eletrão. Chama-se efeito fotoelétrico e tem a sua probabilidade aumentada à medida que o número atómico do núcleo aumenta e a energia do fotão diminui. É mais comum nas primeiras camadas electrónicas.

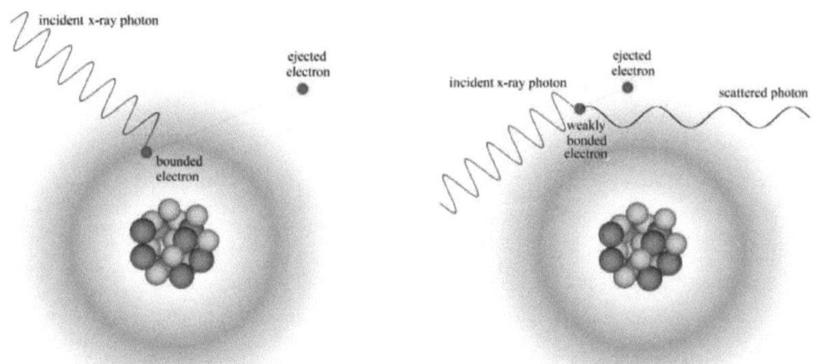

Figura 4: Efeito fotoelétrico (L) e Compton (R)

No segundo caso (também na figura 4), apenas uma parte da energia do fotão será dada ao eletrão (também para o libertar e lhe dar alguma energia cinética) e o resto continuará como um fotão com menor energia (menor frequência) e outra direção. Este é o chamado efeito Compton e é um dos responsáveis pela dispersão da radiação, uma vez que transforma uma amostra (ou qualquer outro objeto exposto à radiação) numa fonte. A sua probabilidade aumenta à medida que a energia do fotão aumenta (até um determinado valor) e o número atómico diminui. É mais comum em electrões fracamente ligados ao átomo, como nas últimas camadas electrónicas ou na banda de condução.

A dispersão coerente pode ser considerada como um caso específico do efeito Compton em que a energia fornecida ao eletrão é nula. Consequentemente, o eletrão não escapa do átomo e o fotão apenas muda de direção, sem perder energia (figura 5).

É mais comum nos fotões de baixa energia e nos electrões fortemente ligados ao átomo.

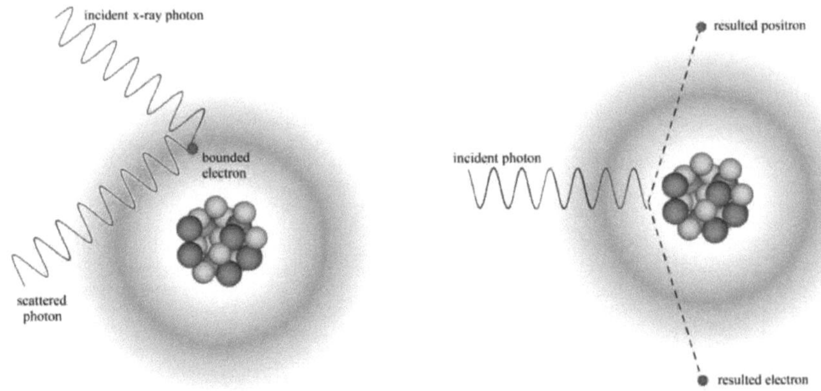

Figura 5: dispersão coerente (L) e formação de pares (R).

A formação do par (também na figura 5), só acontece se um fotão tiver pelo menos 1022 kev de energia. Este fotão ao passar perto do núcleo pode ser transformado num par positrão-eletrão. Por necessitar de alta energia, quando se fala em raios X, somente equipamentos de ortovoltagem podem ser utilizados para produzi-los. É muito raro o uso desse tipo de equipamento para radiografia, por isso podemos considerar que esse efeito não ocorre nos procedimentos radiográficos.

1.5 - Radiografia

A radiografia é um método para ver partes internas de qualquer coisa, amostras, máquinas, objectos e corpos humanos, sem os abrir de alguma forma. Baseia-se principalmente na propriedade da radiação, em que uma determinada quantidade pode atravessar diferentes materiais em diferentes proporções, sem alterações significativas (pelo menos no momento da passagem).

A invenção da radiografia e a descoberta dos raios X aconteceram ao mesmo tempo, uma vez que a sensibilização das películas (na altura, fotográficas) era uma das manifestações mais acessíveis da misteriosa radiação que atravessa os objectos. De facto, o descobridor dos raios X, Wilhelm Conrad Roentgen é o responsável pela primeira imagem radiográfica tal como a conhecemos hoje: a conhecida imagem radiográfica da mão da sua mulher. O fenómeno por detrás da radiografia é muito fácil de compreender: um fotão de raios X (ou outro tipo de radiação) tem mais hipóteses de atravessar um material do que outro. Hoje em dia, sabemos que as hipóteses dependem do número atómico, porque é também o número de electrões em que os fotões podem interagir e desaparecer (ou mudar de direção). A energia também é importante, porque quanto mais energético for o fotão, mais hipóteses tem de atravessar os materiais. A dependência energética é muito útil para adaptar a radiografia a diferentes condições, porque é fácil de controlar: a energia principal depende do potencial elétrico no tubo durante a produção de raios X, normalmente designado por kilo-voltagem, ou simplesmente kV.

A partir do tubo de raios X, é emitido um grande número de fotões de forma quase isotrópica. A colimação inicial do tubo bloqueia quase todos os fotões nas suas imediações, exceto aqueles que se dirigem a uma abertura específica (especificando a direção do feixe). Este feixe de fotões tem de atravessar a amostra para chegar à película e ser detectado. A película, ou um detetor semelhante, deve poder quantificar direta ou indiretamente a intensidade do feixe em cada ponto da sua superfície. Esta intensidade, convertida em níveis de luminosidade ou de cor, produzirá a imagem.

Considerando uma fonte de raios X como um ponto, para atingir um ponto na película, o fotão pode encontrar, ao longo da sua trajetória, uma parte da amostra. Esta parte tem uma espessura e é composta por determinados materiais (figura 6). Estas variáveis afectam a probabilidade de o fotão continuar a sua trajetória.

É emitido um número muito elevado de fotões em cada direção. Assim, para uma amostra heterogénea, o número de fotões que chegam a cada ponto da película corresponde à probabilidade de atravessar essa parte da amostra. Se a amostra tiver estruturas internas de outros materiais, ou qualquer descontinuidade, as diferenças entre as probabilidades de interação aparecerão na imagem radiográfica como contraste.

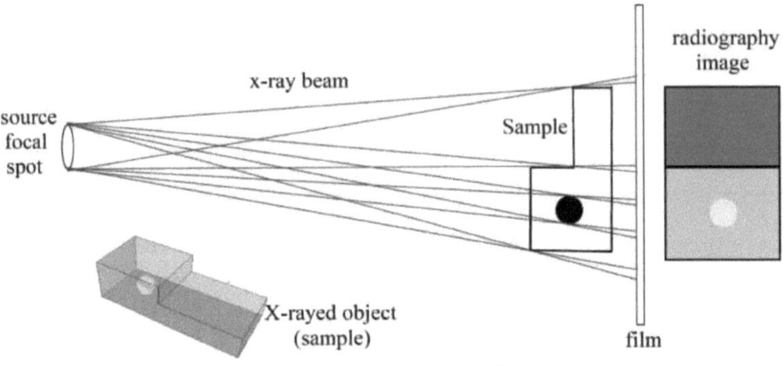

Figura 6: radiografia

O número de fotões emitidos pelo tubo também pode ser utilizado para otimizar a imagem e adaptar a técnica à amostra e ao detetor. A quantidade de fotões por segundo, denominada intensidade do feixe, é proporcional ao número de electrões acelerados no interior do tubo, que é proporcional à corrente que atravessa o filamento. Para controlar esta intensidade, é necessário controlar a corrente, normalmente medida em miliamperes, ou simplesmente mA. Como o número de fotões emitidos pelo tubo é proporcional à intensidade do feixe vezes o tempo de emissão, a exposição total feita por um tubo de raios X é geralmente medida pelo número de miliamperes vezes o número de segundos, conhecido como mAs.

Alguns outros parâmetros são utilizados para a adequação à amostra e ao objetivo da radiografia, tais como a distância foco-filme (considerando o foco como a região do ânodo onde são gerados os raios X), o tamanho focal, uma vez que a fonte não é totalmente pontual, e a distância foco-objeto.

1.6 - Película radiográfica

A película radiográfica é composta por camadas, das quais podemos destacar a base, a emulsão, o substrato de emulsão e a camada protetora (figura 7).

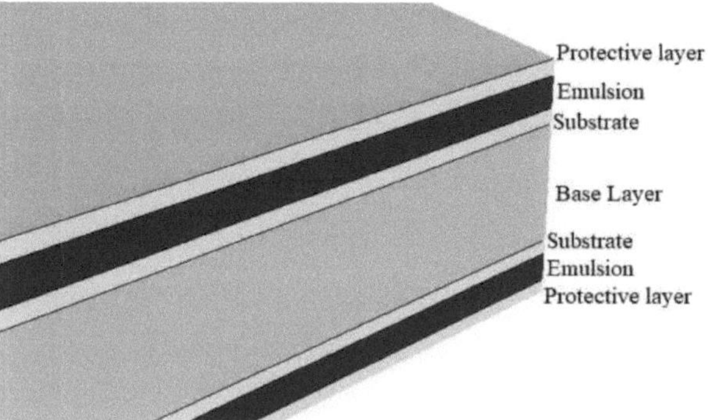

Figura 7: Camadas de película radiográfica.

A base nada mais é do que o suporte sólido do filme, sendo utilizada apenas para a adesão dos demais. Ela tem que ser translúcida, mas geralmente tem uma cor azulada, que dá a cor caraterística dos filmes radiográficos. Esta coloração é utilizada para tornar a experiência de visualização menos cansativa. A camada protetora, como o próprio nome indica, evita danos na parte funcional da película; é a camada mais externa da película. Se a película for de dupla face, a camada protetora estará presente em ambos os lados.

Todo o processo de interação com a radiação e de formação da imagem ocorre na emulsão que se encontra entre a base e a camada protetora. É constituída por uma gelatina transparente (coloide) impregnada de grãos de halogeneto de prata. Estes grãos são maioritariamente brometo de prata (95% de certeza), mas contêm alguns outros tipos de halogeneto, como o iodeto de prata.

A imagem latente é formada quando, ao longo da película, a interação com a radiação cria regiões de sensibilidade, onde um átomo de prata ionizado cria uma armadilha para atrair outros átomos. Ao revelar, esses locais de sensibilidade iniciam um processo de reação em cadeia, dissociando o bromo e o iodo da prata, fazendo com que a prata assuma sua forma metálica. Assim, o grão inteiro é transformado em prata metálica, que é preta, e aumenta o grau de escurecimento da película.

Os grãos que não foram sensibilizados são removidos, diminuindo a densidade da região no processo de revelação. Assim, as regiões do filme que foram mais expostas à radiação, tiveram mais grãos que interagiram e consequentemente, mais prata metálica, tornando-se regiões mais escuras. As regiões do filme que foram pouco expostas à radiação possuíam menos grãos interagindo e, consequentemente, menos prata, tornando-o mais claro. A imagem radiográfica é formada pelo contraste entre claro e escuro. Como os outros componentes do filme, além da prata, são translúcidos, é possível medir o grau de escurecimento de uma região do filme medindo a porcentagem de luz que o filme bloqueia de um feixe que tenta atravessá-lo. A medida relacionada a essa porcentagem é chamada de densidade ótica.

1.7 - Película radiográfica: passado e presente.

Na altura da descoberta dos raios X, o registo de imagens era possível em materiais fotográficos: placas fotográficas de vidro, filmes flexíveis e papéis sensíveis. O conceito de película radiográfica só nasceu nas décadas seguintes, e ganhou força devido à otimização da técnica motivada por necessidades específicas.

A chapa fotográfica utilizada por Roentgen era constituída por uma emulsão de gelatina impregnada de sais de prata depositada numa base de vidro. Foi fabricada exclusivamente para fotografia e a sua funcionalidade para os raios X era apenas uma consequência da fotossensibilidade da emulsão. Em 1898, a base foi substituída por acetato de celulose que, para além de ser flexível, era praticamente transparente. Pouco tempo depois, foram utilizadas películas de dupla emulsão. A partir de 1902, começaram a ser fabricadas chapas fotográficas especialmente concebidas para a radiografia, que incorporaram gradualmente os mesmos melhoramentos introduzidos nas chapas fotográficas. A otimização da emulsão para a sensibilidade aos raios X e o melhoramento de propriedades como a velocidade e o contraste surgiram nas décadas seguintes, chegando até aos dias de hoje.

Com a invenção dos computadores e a tendência crescente de todo procedimento ser eletrônico e digital, a radiografia também seguiria esse caminho. Os primeiros equipamentos nesse sentido foram os scanners adaptados para filmes radiográficos, que transformavam a imagem revelada em digital através do mapeamento da densidade ótica do filme. A grande explosão desses equipamentos ocorreu na década de 90, onde a tendência para a era da informática ficou cada vez mais evidente.

Em seguida, os sistemas radiográficos que não utilizam filmes foram as novidades do mercado, começando com o que hoje é chamado de radiografia computadorizada (CR) que faz uso de placas de imagem armazenando a imagem latente através de uma área contendo propriedade de luminescência fotoestimulada. Para transformar esta imagem em digital é necessário utilizar um scanner que digitaliza a imagem latente. Por isso, esta técnica é considerada uma radiografia digitalizada indiretamente

A radiografia digital (DR), por outro lado, utiliza uma matriz de detectores fotossensíveis capazes de responder diretamente à exposição aos raios X, sem que a informação tenha de passar por um agente intermediário. A imagem é o mapa de exposição na área da matriz destes detectores.

A implementação destes dois sistemas é comum em grandes centros médicos, mas encontra alguma resistência em aplicações industriais. Algumas técnicas de exposição, por exemplo, são feitas sem a necessidade de energia elétrica (geralmente com fontes de radiação gama), e o filme radiográfico atende bem a essas necessidades. Além de exigir um alto investimento inicial, o CR e o DR requerem uma série de adaptações do ambiente onde são utilizados

No Brasil, e provavelmente em muitos países em desenvolvimento, o problema do custo também justifica que pequenas e médias clínicas médicas e odontológicas ainda utilizem um sistema comum de filmes radiográficos, principalmente fora dos grandes centros urbanos.

Deste modo, é possível prever que a radiografia convencional ainda será utilizada durante algum tempo antes de ser completamente substituída por técnicas digitais. O aperfeiçoamento das técnicas e uma melhor implementação podem ainda trazer inovações revolucionárias para a indústria, a investigação e a medicina.

As variantes do filme radiográfico ainda apresentam vantagens em aplicações não convencionais como a dosimetria, onde é amplamente utilizado e, em alguns casos, não há substituto que faça todas as suas funções integralmente. A curva caraterística de um filme radiográfico tem normalmente no seu eixo horizontal os valores de exposição à radiação ionizante. Esta exposição é medida em relação ao ar, como nas câmaras de ionização. Desta forma, é possível converter os valores de densidade ótica, que variam consoante a exposição, em valores de dose, numa curva de calibração com películas do mesmo tipo.

O uso de filmes radiográficos é extremamente conveniente em algumas exposições, pois pode ser fabricado (ou recortado) em qualquer tamanho, ser de baixo custo de manuseio e aquisição, ser simples de ser aplicado e não requerer alimentação externa, como câmaras de ionização. Além disso, devido à sua caraterística de formação de imagem, é possível medir a dose numa determinada superfície.

1.8 - Curva caraterística e calibração da densidade ótica

Devido à possibilidade de medir quantitativamente os valores de radiação a que uma região do filme é exposta (exposição) e seu conseqüente enegrecimento (densidade ótica), é possível obter curvas de resposta do filme em função de sua exposição. Ela é chamada de curva caraterística (ou também curva H&D, devido aos seus criadores Ferdinand Hurter e Vero Charles Driffield), e é utilizada desde os primeiros filmes fotográficos, e quando utilizada em radiografia, é o gráfico do logaritmo da exposição contra a sua densidade ótica correspondente. Esta curva é utilizada para uma melhor compreensão das caraterísticas da película, o seu perfil dá informações sobre a velocidade, gama dinâmica, valor base e outras caraterísticas de uma película. Tem uma forma sigmoide, com uma região não linear para baixos valores de exposição, conhecida como "toe", uma região linear (onde é desejável que a imagem ocorra) e uma região de saturação não linear chamada "shoulder" (figura 10).

A inclinação da parte linear da curva é chamada de contraste e caracteriza a quantidade de exposição necessária para uma determinada variação de densidade ótica. Há situações em que filmes com mais contraste são necessários, pois tendem a aumentar a diferença de DO entre dois objetos radiografados; mas há situações em que filmes com menos contraste são mais desejáveis, justamente porque costumam ter uma faixa dinâmica maior e ou porque a taxa de exposição do feixe utilizado é extremamente alta em relação ao tempo de exposição. A figura 8 mostra uma imagem radiográfica em três versões, médio contraste, alto contraste e baixo contraste.

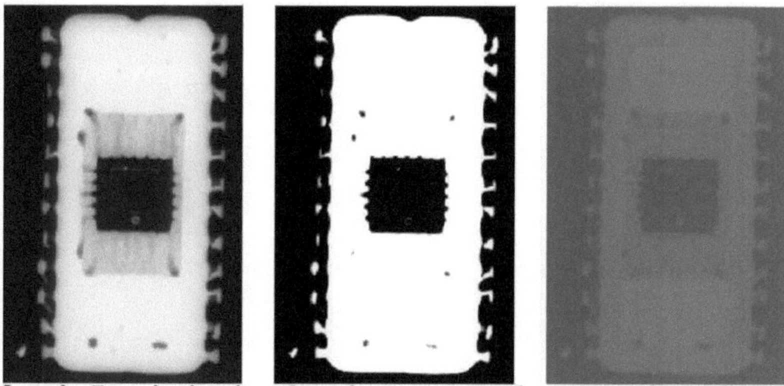

Figura 8 - Uma imagem radiográfica digitalizada de um circuito integrado com médio, alto e baixo contraste.

A projeção desta mesma região linear da curva no eixo de exposição é designada por gama dinâmica, que indica entre que valores de exposição a curva responde de forma aproximadamente linear. Quanto maior for a gama dinâmica, mais as regiões de exposição do mesmo filme podem variar. Partes da imagem cuja exposição está fora dessa faixa dinâmica ficariam fora da região linear do filme, tornando-se imagens saturadas de branco ou preto e, portanto, perdendo a informação de contraste, como ilustrado na Figura 9.

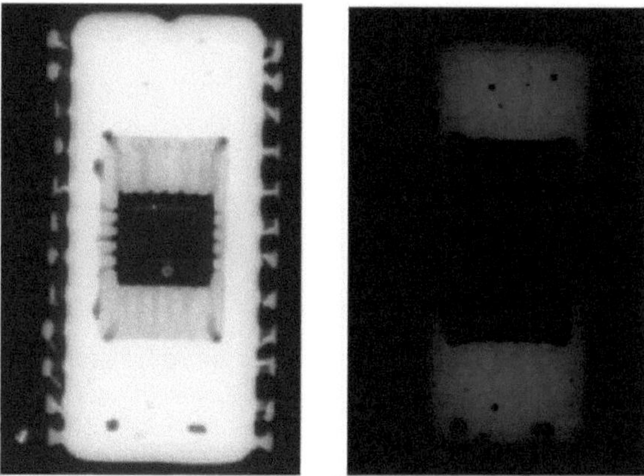

Figura 9: representação da radiografia desejável (esquerda) e da radiografia saturada (direita). Na segunda imagem, a radiografia apresenta valores acima da gama dinâmica. Embora exista algum contraste, este contraste é claramente insuficiente

A densidade ótica começa com um valor diferente de zero, que seria o limiar. Este valor chama-se base mais névoa, porque tem em conta o valor da densidade ótica da base, que tem uma ligeira cor azul, mais a sensibilização espontânea de alguns grãos de prata, quer por radiação ambiente, quer por aspectos químicos durante a submersão no revelador.

1.9 - Modelo matemático para ajuste da curva caraterística

A curva H&D apresenta a densidade ótica OD em função da exposição X de um filme, normalmente num gráfico mono-log, deixando o eixo horizontal em valores logarítmicos de exposição. A exposição X é caracterizada como a quantidade de carga dQ produzida por um feixe de radiação ionizante, ao passar por uma determinada massa de ar dm, de acordo com a equação 1.

Esta quantidade de carga é proporcional ao número de iões produzidos, que é

$$X = \frac{dQ}{dm} \tag{1}$$

proporcional à intensidade do feixe, que no caso dos raios X é dada pelo número de fotões.

A utilização da exposição para quantificar os feixes de radiação tornou-se comum, uma vez que vários dispositivos que detectam ou quantificam a radiação o fazem indiretamente, contando a carga produzida pela radiação num determinado volume de ar.

OD é equivalente ao grau de escurecimento da película, ou seja, a quantificação da quantidade de luz que pode ser bloqueada pela película. É medido como o logaritmo do rácio entre a intensidade da luz do feixe incidente Io na película e a intensidade da luz que é transmitida I, de acordo com a equação 2:

$$OD = \log\left(\frac{I_0}{I}\right) \tag{2}$$

A utilização do logaritmo da exposição na curva H&D deve-se ao comportamento da atenuação exponencial de feixes monoenergéticos. Por exemplo, considerando um feixe de intensidade inicial A_0, com energia E, incidindo sobre um objeto de espessura L feito de material com número atómico Z, a fração de A_0 que atravessa o objeto sem qualquer interação é dada pela equação 3:

$$A=A\ e_0^{P(E\ Z)L} \tag{3}$$

Onde A é a intensidade após o material e p é o coeficiente de atenuação linear, que depende da energia do feixe e do número atómico do material. Quando se considera um objeto com diferentes espessuras, mas do mesmo material, radiografado por um feixe monoenergético, assume-se que a exposição é proporcional à intensidade do feixe. Considerando que esta proporção é dada por um fator B, podemos escrever esta relação como na equação 4:

$$X=BA=BA_0\ e^{-}\ =X_0\ e^{-} \tag{4}$$

Então,

$$\log(X)= \log(X_0)- \log(e)pL \tag{5}$$

Uma vez que B, A0, p e log (e) são constantes neste caso, o log da exposição tem uma relação linear com a espessura L do material. Isto significa que uma linha na curva H&D mostra uma relação linear entre a densidade ótica e a espessura do material de raios X.

O melhor entendimento dessas dependências sempre gerou interesse na criação de um modelo teórico para uma função matemática entre densidade ótica e exposição. A literatura traz muitas deduções heurísticas da equação, entre elas podemos citar as produzidas por Dixon e Ekstrand, em 1976 e Van Battum e Huizenga, 2006. Há muitas considerações comuns a esses trabalhos.

A primeira consideração diz respeito à operação de escurecimento da película. O que bloqueia os fotões, aumentando a densidade ótica, é o grão de prata revelado. A densidade ótica funciona entre a luz e o grão de prata de forma semelhante à interação entre a radiação ionizante e a matéria, descrita na equação 3.

Se a emulsão cinematográfica for vista como a sobreposição de camadas de espessura dx, quando um fotão de luz tenta atravessar uma dessas camadas, a probabilidade P de o fotão não a atravessar é a probabilidade de atingir uma esfera de prata revelada, que é proporcional à secção transversal efectiva da luz. Esta secção é ligeiramente maior do que a área do grão devido aos efeitos de difração. A probabilidade P pode ser considerada como a concentração n de grãos por volume vezes a secção reta de cada grão, como mostra a equação 6.

$$P=nodx \qquad (6)$$

Assim, a variação do número de fotões, ou seja, a intensidade I do feixe luminoso, ao atravessar a camada dx é negativa e é dada pela equação 7:

$$di = - Em\ nnn \qquad (7)$$

De acordo com a equação 1:

$$OD = \frac{--}{I} = n\ ooxlo\ (e) \qquad (8)$$

Ou seja, a densidade ótica é proporcional ao produto da concentração volumétrica de grãos revelada n pela espessura x da camada de emulsão, o que daria a concentração por área da emulsão.

Em particular, a equação 8 mostra que a DO é proporcional à concentração superficial dos grãos revelados. O que é importante, neste caso, é criar uma função que utilize o valor de exposição X para transformar parte dos grãos de halogeneto de prata em prata metálica.

A maioria dos estudos considera que, para os raios X, apenas uma interação de ionização num grão de halogeneto de prata é suficiente para revelar todo o grão. Esta consideração é razoável se tivermos em conta que um fotão de raios X tem energia suficiente para produzir as interações que geram um sítio de revelação. Este local de revelação, quando exposto a químicos específicos (reveladores), gera uma reação em cadeia que faz com que todo o grão se transforme em prata metálica. Assim, a probabilidade de um grão ser revelado é a probabilidade de esse grão interagir com pelo menos um fotão.

Por outro lado, a equação 9 considera que a probabilidade de um fotão interagir com um grão de prata é igual à probabilidade de esse fotão interagir com um único grão de prata multiplicada pelo número de grãos de prata acessíveis

$$P(Ngrains)=NP(pnegrain)\tag{9}$$

A equação 10 considera que P (um grão) depende da secção transversal a para a radiação X de um único grão e do número de fotões que atingem a região.

$$P(pnegrain)=aQX\tag{10}$$

em que Q é uma constante que indica a fração de fotões que se dirige para o grão.

Na equação 11, o número de grãos por zona não atingida diminui em função destas probabilidades.

$$dN=-NP(grao)=-NQX\tag{11}$$

Resolvendo isto, o número de grãos por área não atingida é dado por

$$N=N e_{0}^{QX}\tag{12}$$

e o número de grãos atingidos por área é dado pela equação 13

$$N_{a}=N_{o}-N0\,e\sim^{QX}\tag{13}$$

A partir da equação 8, temos a definição de Na:

$$Na=nx \tag{14}$$

Ent ão,

$$OD=N_0 \log(e)(l- e)^{QX} \tag{15}$$

Com valores de exposição baixos, a exponencial diminui e a densidade ótica aumenta rapidamente. Para valores mais elevados, quando a exponencial se aproxima de zero, a densidade ótica continua a aumentar, mas cada vez mais lentamente. Esta desaceleração em exposições elevadas deve-se ao facto de o número de grãos ainda disponíveis para o escurecimento diminuir à medida que os grãos

interagir. Um gráfico desta função é apresentado na figura 10.

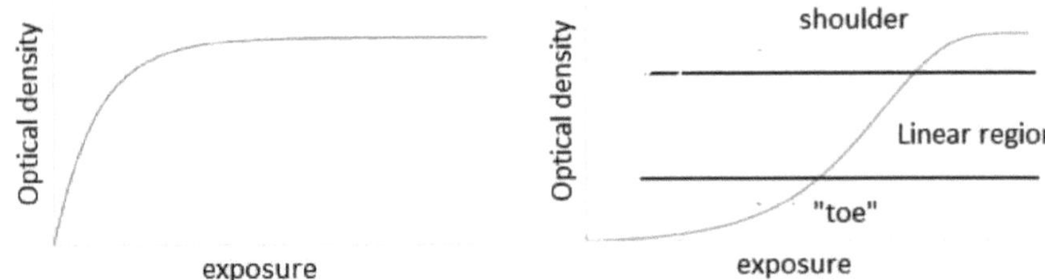

Figura 10: Gráfico da densidade ótica em função: (L) gráfico linear e (R) em função do logaritmo da exposição

1.9 - Fluorescência de raios X.

A estrutura atómica é tal que os electrões estão dispostos em orbitais, cada uma no seu nível energético. Um átomo com número atómico Z tem Z protões, todos eles concentrados no núcleo com os neutrões, e Z electrões, distribuídos por estas orbitais. Esta distribuição obedece a regras quânticas que ditam o número de electrões que cada orbital pode ocupar. As orbitais são numeradas da mais interna para a mais externa, e esse número é chamado de número quântico principal, geralmente representado pela letra n. No seu nível mais fundamental, essa distribuição parte da orbital com o menor número n (menos energética) para a mais externa, onde a distribuição na próxima só começa quando a anterior estiver completa. Sabendo isto é possível conhecer a distribuição para cada Z, ou seja, para cada tipo de elemento Estes níveis de energia podem ser entendidos como níveis de um poço de potencial e, para sair da estrutura atómica, o eletrão tem de vencer esse potencial, o que exige uma certa quantidade de energia. Assim, os electrões da orbital mais interna estariam a um nível mais profundo do poço e necessitariam de mais energia para sair, o que leva a concluir que estes electrões estão mais fortemente ligados ao átomo. A energia necessária para sair da estrutura atómica é designada por energia de ligação. A forma e a profundidade do poço de potencial, por ter componentes electrostáticos, dependem fortemente das cargas positivas que atraem os electrões, ou seja, do número de protões no núcleo. Assim, os valores dos níveis de energia dependem do número atómico, e cada elemento tem os seus próprios valores de energia.

As principais formas de interação dos raios X (e de outras radiações ionizantes em geral) com a matéria são através do fornecimento de energia aos electrões de um átomo. Um fotão de raios X pode interagir com um eletrão de um átomo e ceder-lhe parte ou a totalidade da sua energia, num processo semelhante ao da colisão de duas partículas. Se a energia for suficiente, o eletrão sairá do átomo num processo de ionização. Se a ionização ocorrer numa orbital mais interna, haverá uma vaga no nível energético a que o eletrão pertencia. Assim, existe a probabilidade de electrões de orbitais mais externas preencherem essa vaga, libertando uma quantidade de energia que é exatamente a diferença dos valores energéticos entre as duas orbitais. Uma vez que este fotão tem a diferença de energia de duas orbitais, e porque a energia de cada orbital depende do número atómico, é possível identificar o tipo de átomo através da medição da energia do fotão, que se designa por fotão caraterístico de raios X, ser caraterístico de um tipo de elemento químico.

O EDXRF (Energy Dispersion X-Ray Fluorescence) utiliza um tubo de raios X para ionizar os átomos de uma amostra e um detetor de radiação que discrimina a energia. O resultado de uma medição é um espetro, um gráfico do número de contagens (número de fotões detectados) por energia. Estas interações são acontecimentos estocásticos e há uma série de variáveis que influenciam a probabilidade de ocorrência. A probabilidade de interagir com um tipo específico de átomo depende principalmente da concentração desse átomo na amostra. Embora não numa escala absoluta, no espetro de fluorescência de raios X, a contagem de fotões com a energia caraterística de um átomo é proporcional à concentração desse átomo na amostra.

De facto, como existe um erro associado à determinação da energia de um fotão, os raios X caraterísticos de um determinado elemento químico não são analisados a partir do valor exato da energia caraterística, mas variam em torno deste, com uma distribuição normal centrada na energia caraterística teórica. Desta forma, a presença de um elemento químico na amostra aparece no espetro como uma curva de tipo gaussiano, centrada na energia que seria a caraterística.

Assim, a concentração do elemento químico na amostra corresponde à área desta curva, denominada área do pico. Uma vez que pode haver mais do que uma orbital atómica a ser ionizada e porque pode existir mais do que uma orbital acima da que foi ionizada, o mesmo elemento químico pode ser caracterizado por energias diferentes, através da ionização da primeira, segunda ou outra orbital, e através da maioria dos saltos de electrões através de uma ou mais orbitais para ocupar a vaga. A Figura 11 apresenta um exemplo de um espetro de XRF que contém mais do que um pico para o mesmo elemento.

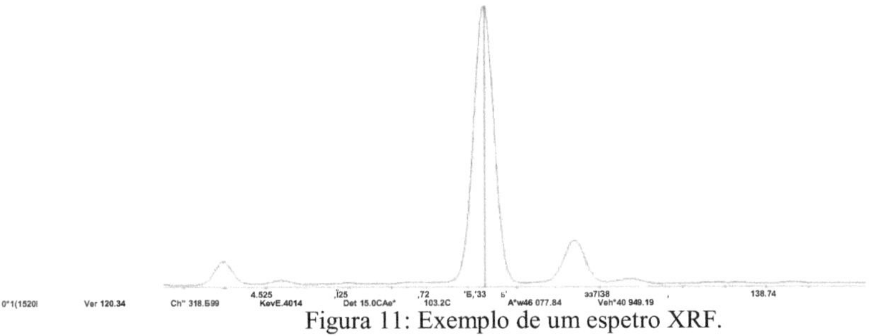

Figura 11: Exemplo de um espetro XRF.

Capítulo 2

- MOTIVAÇÕES

Neste capítulo, serão apresentadas as principais motivações para o presente estudo e a forma como os resultados alteram o objetivo inicial.

Inicia-se com um trabalho denominado "simulação computacional de um filme radiográfico", passa pela deficiência na medição da densidade ótica segundo o conceito original e também por um trabalho denominado "validação da simulação computacional" que reforçou a proposta da medida da concentração de prata por XRF como método para traçar a curva caraterística do filme radiográfico.

1.10 - Simulação computacional de uma película radiográfica

Uma das principais motivações deste trabalho são os resultados das simulações de Monte-Carlo. O objetivo inicial era implementar um simulador de Monte-Carlo inicialmente construído para simular procedimentos de fluorescência de raios X. Pretendíamos criar uma função de filme radiográfico para manter a função de raios X e fazer com que o simulador também fizesse hagiografias.
Este trabalho tentaria simular um filme radiográfico numa configuração de radiografia, destacando assim os principais parâmetros físicos que poderiam comprometer ou modificar a imagem de alguma forma.
Para conseguir um número extremamente elevado de eventos, a simulação foi feita com computação paralela a partir da plataforma CHARM ++ baseada em C ++, permitindo que cada núcleo do cluster calculasse um determinado número de eventos para que o resultado pudesse ser integrado posteriormente. O algoritmo foi desenvolvido e integrado a um simulador já existente, desenvolvido por Santos (2012), adaptando-o para simular a fonte, o ambiente e a interação da radiação com a amostra

de raios X.

O filme radiográfico foi incluído como um objeto extra no simulador. O algoritmo do objeto filme foi montado para testar os processos estocásticos através do número de eventos e da probabilidade de um determinado evento acontecer. Considerou-se que uma determinada área do filme (chamada pixel) possui uma quantidade de grãos de halogeneto de prata que podem ser sensibilizados por fotões de raios X, criando um local de sensibilidade. Quando este local entra em contacto com o revelador, inicia-se uma reação em cadeia que transforma todo o grão em prata metálica, de cor preta, e que tem uma elevada secção de choque para a luz.

Um grão já sensibilizado não pode ser sensibilizado novamente, ou seja, cada vez que um pixel tem um grão sensibilizado, a probabilidade de um fotão sensibilizar outro grão do mesmo pixel diminui. O grau de enegrecimento do pixel é proporcional à quantidade de grãos enegrecidos no seu interior, uma vez que cada grão aumenta a secção transversal à luz.

O fluxograma do algoritmo implementado em todo o sistema radiográfico é apresentado na figura 12.

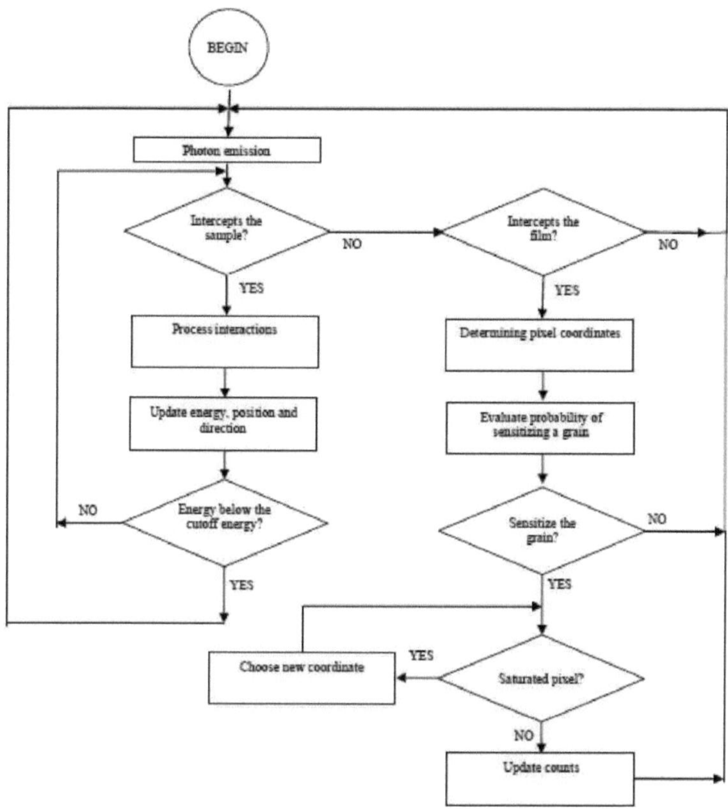

Figura 12: Fowchart do simulador de película radiográfica.

As curvas caraterísticas deste simulador são comparadas com as previstas por modelos como as equações 15. Esta comparação é apresentada na figura 13:

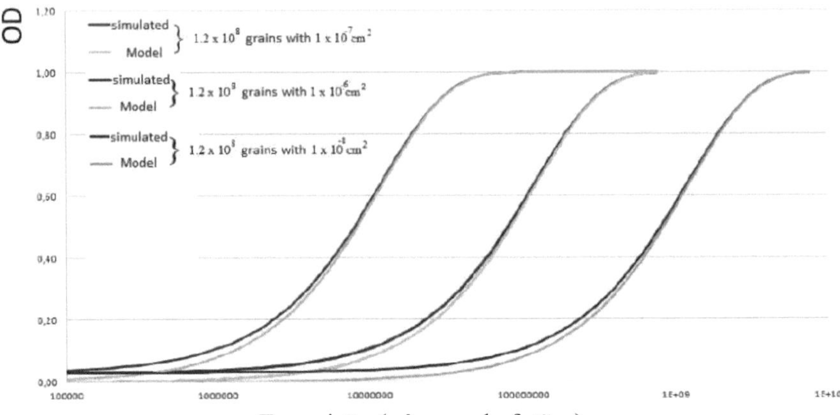

Figura 13: Resultados do simulador Monte-Carlo: curva caraterística comparada com o modelo matemático.

Algumas imagens de objectos simulados podem ser visualizadas na figura 14:

Figura 14: Imagem "Step edge" com 10 grãos^{8} , 10^{-8} cm de tamanho de grão^{2} e exposição 2 x 10^{8} fotões.

Os resultados foram consideravelmente satisfatórios mas levantaram algumas questões relativamente ao funcionamento do modelo, tais como a dependência da velocidade com parâmetros como o tamanho do grão e a concentração de prata e o valor máximo de escurecimento. Para testar estas questões tornou-se necessária a validação experimental do modelo.

2.2 - Limitações da medição da densidade ótica

Nesta altura, foram feitos muitos testes com filmes radiográficos, com o objetivo de encontrar os parâmetros de concentração e área de grão para o simulador de Monte-Carlo. A maior parte deles, construindo curvas a partir de diferentes filmes de sensibilidade.

Numa medida despretensiosa, percebeu-se que a massa dos filmes radiográficos odontológicos cresce com a densidade ótica. Isso significa que a prata remanescente no filme é suficiente para ser percebida por uma medição de precisão. Apesar da considerável variação estatística, foi possível observar uma linearidade entre a massa e a densidade ótica. A variação estatística pode ser explicada pela humidade ou mesmo

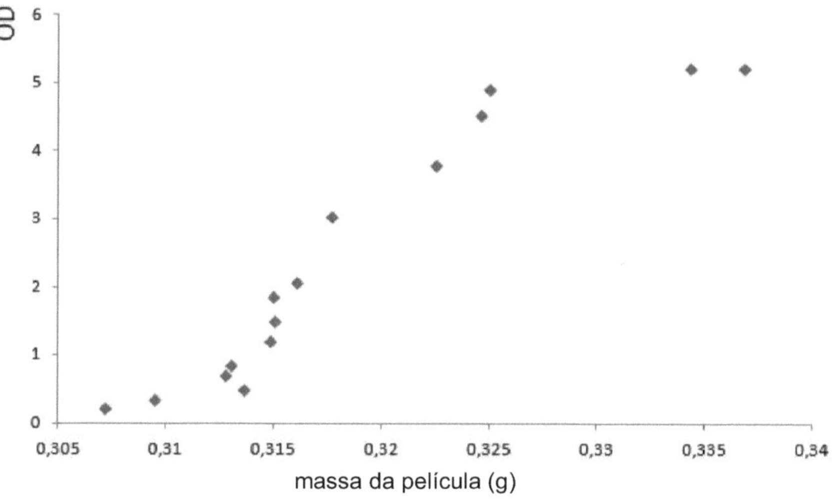

Figura 15: Densidade ótica x massa do filme radiográfico

pela não uniformidade da lavagem química.

A grande mudança está na saturação. Como se pode ver, onde a densidade ótica pára de crescer, a massa da película não pára. Isto significa que, por qualquer razão, a densidade ótica lida por medição de luz satura, antes da saturação real da película e pode provavelmente limitar a leitura da película. Após este resultado, tentámos encontrar um método para ler melhor a variação da prata sem medição da luz.

Antes dele, o entendimento da digitalização de filmes radiográficos baseava-se em duas coisas: a visualização e digitalização de filmes radiográficos considera a densidade ótica proporcional à concentração de prata; e a concentração de prata proporcional ao número de fótons. Se a primeira consideração não tivesse limites significativos, a segunda afirmação seria justificada e delimitada pela curva linear conhecida H & D e a curva do ombro seria explicada pela saturação dos grãos de prata que podem ser sensibilizados.

Partindo desta hipótese e tendo em conta que todas as películas têm uma saturação de densidade ótica semelhante, a concentração final de prata, produto do número de grãos por área por área de grãos, foi inicialmente considerada como sendo a mesma para todas as películas, a densidade teria uma saturação em números semelhantes.

Mas para o modelo matemático considerado e mesmo para o modelo estocástico testado por Monte Carlo, essa consideração descaracteriza propriedades conhecidas dos filmes como a inclinação da região útil, tratada como "velocidade" do filme.

A visualização e digitalização de filmes por transferência de luz tem limitações conhecidas. Os principais problemas estão relacionados com as flutuações da densidade ótica medida nos valores mais elevados. Parece que, com muita prata, o bloqueio da luz é tal que o número de fotões detectados na sensitometria já não garante a estabilidade dos valores medidos. Provavelmente, a magnitude do ruído eletrónico é próxima da luz medida. Muitos trabalhos publicados não quantificam nada na região do ombro desconsiderando-a totalmente e alguns apresentam a curva somente até a sua região, descaracterizando o seu formato sigmoide. Algumas normas para filmes radiográficos prevêem estes problemas e estabelecem um valor mínimo de intensidade luminosa para medir valores maiores de densidade ótica, mas mesmo estes dados apresentam a região do ombro com problemas de flutuação, sendo medidas quantitativas.

Yaffe e Mawdsley (1981) tiveram a ideia de monitorizar a perda de prata da película para o revelador e fixador durante o processamento da película. A quantificação da prata em cada elemento é efectuada por fluorescência de raios X. Este trabalho mostra que o XRF é um método eficaz para avaliar a concentração de prata nas películas radiográficas e a sua relação direta com a densidade ótica, como mostra a figura 16:

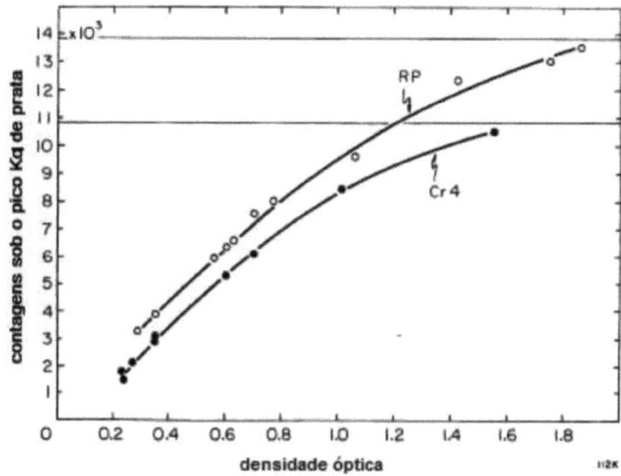

Figura 16: Resultados de Yaffe e Mawdsley (1981): Densidade ótica medida por fluorescência de raios X.

Odendorf e Astrahan mostraram em 1983 que a concentração de prata em um filme radiográfico continua a aumentar ligeiramente, devido à exposição do filme, mesmo após a sua saturação, e que a medição dessa concentração por outras técnicas que não a densidade pode mostrar uma faixa dinâmica maior do que realmente é, como mostra a figura 17. Esse resultado traz a mesma idéia da medição da massa do filme: A medição da luz não é suficiente para ler a exposição registrada nos filmes de raios X.

Infelizmente, para a sua época, o equipamento de fluorescência era mais rudimentar e menos acessível, o que provavelmente desencorajou e impediu que esta ideia prosseguisse, pelo que não foram encontradas continuações para este trabalho.

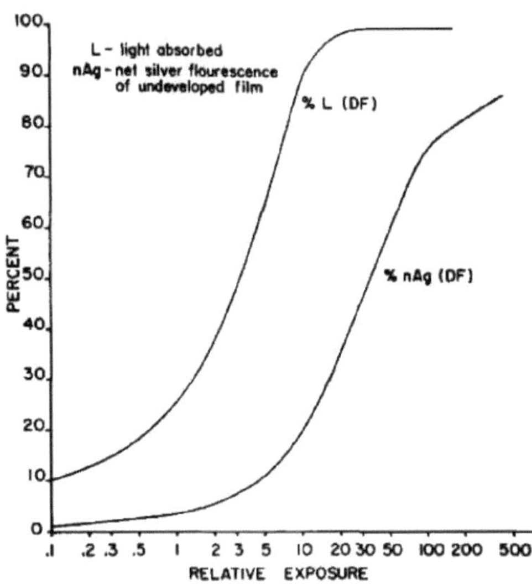

Figura 17: Resultados de Odendorf e Astrahan (1983): a concentração de prata continua a aumentar mesmo após a saturação da densidade ótica

2.3 - Validação da simulação computacional com medições de DO e XRF

Neste ponto, o objetivo principal foi alterado. Em vez de implementar o Simulador de Monte-Carlo, o trabalho visava conhecer melhor a maior saturação da concentração de prata e as suas propriedades úteis. Depois de muito tempo a procurar um método para medir a concentração de prata, a sugestão de Odendorf e Astrahan pareceu ser a melhor. Isto foi feito num trabalho chamado "Validação experimental de uma simulação computacional de filme radiográfico", onde vários parâmetros foram testados.

A validação da simulação computacional com dados experimentais é a comparação da curva H & D dos dados obtidos teoricamente com uma curva feita através da sensitometria de um determinado filme radiográfico.

Com a adaptação destas duas curvas, seria possível determinar factores de proporção como a probabilidade de interação de um fotão com um grão e respectivas quantidades e concentrações de prata e/ou grãos que nos resultados anteriores eram simplesmente arbitrários.

A curva foi obtida através da exposição de películas dentárias a várias taxas de exposição (que foram controladas pelo tempo). Em cada película foi medida a densidade ótica através de um densitómetro e estes valores foram ajustados de acordo com a exposição para serem traçados em conjunto com a curva H&D.

Após a obtenção dos dados experimentais, foi gerada a curva teórica para comparação. Os valores das constantes, tais como a concentração de prata, o tamanho do grão, a razão de exposição e a probabilidade de interação entre os grãos, foram variados manualmente para determinar os valores correspondentes ao melhor ajuste entre as curvas

Numa primeira abordagem, foi tido em conta que as curvas sensitométricas têm um limite máximo bem definido. Consequentemente, foi inicialmente estipulado que a concentração máxima de prata numa película revelada, que é limitada pela de prata presente sob a forma de halogenetos, tem o mesmo valor para todas as películas. As curvas seriam normalizadas para a mesma densidade ótica máxima. Esta consideração foi incorrecta porque as curvas teóricas e experimentais não se ajustaram uma à outra, independentemente dos valores escolhidos, como mostra a figura 18.

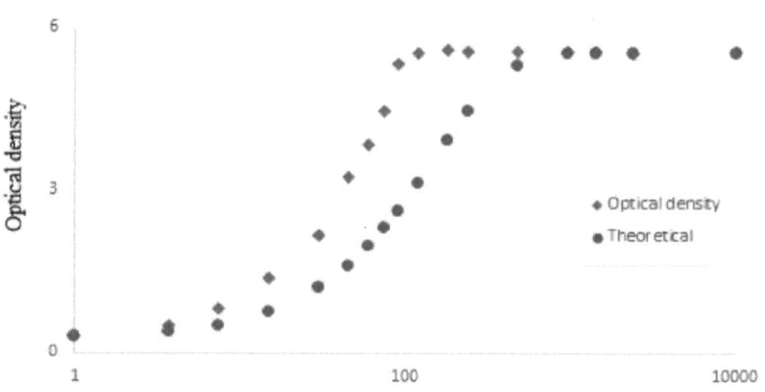

exposição (escala arbitrária)

Figura 18: Curva H&D obtida experimentalmente (quadrados azuis) comparada com os resultados teóricos normalizados pela amplitude (círculos vermelhos).

O melhor ajuste entre as curvas ocorreu considerando o modelo e quando a saturação dos grãos de prata é desconsiderada, fazendo com que o experimental só concorde com o teórico em valores baixos de exposição.

A verificação destas medições sugere que o modelo era adequado, e que de facto a forma de medir a concentração de prata por densidade ótica é limitada, deixando inutilizada grande parte da região sensível da película e que poderia ser utilizada para obter imagens com uma janela de sensibilidade maior, como na medição da massa da película e no trabalho de Odendorf e Astrahan.

A semelhança entre as figuras 17 e 18 mostra um facto interessante: a curva teórica tem um comportamento semelhante à curva de concentração de prata medida por XRF. Isso sugere que, de fato, o modelo teórico verificaria a concentração de prata, mas essa concentração não se reflete proporcionalmente nos valores de densidade ótica. A partir de agora, o objetivo é encontrar um modelo que se adapte à limitação da medição da luz e também estudar métodos para ultrapassar esta limitação. Se possível, construir imagens a partir de filmes radiográficos onde estas limitações podem esconder alguns pormenores.

2.4 - O perfil negro

A partir do momento em que temos um instrumento que consegue ultrapassar a limitação que os instrumentos ópticos tinham, é possível imaginar a sua utilidade. A limitação mencionada é uma gama com valores de exposição superiores aos habitualmente utilizados.

A figura 19 mostra que, após a saturação, a densidade ótica tem sempre um valor constante, enquanto a medida de concentração XRF continua a crescer linearmente em função da exposição. Isto significa que, no caso de filmes sobre-expostos, duas regiões da imagem com exposições diferentes e, portanto, concentrações de prata diferentes, podem apresentar a mesma densidade ótica, se medida pela passagem da luz.

Assim, os instrumentos que utilizam a luz para identificar o contraste destas imagens, tais como os scanners ópticos ou mesmo os nossos olhos, veriam apenas uma imagem preta ou fortemente enegrecida com pouco contraste. Esta "imagem negra" pode ser recuperada pelo mapa XRF, trazendo um novo método de digitalização e armazenamento de imagens em película radiográfica.

Para começar e testar isto, e até que ponto o contraste pode realmente revelar imagens, foi realizado um perfil de filme sobrexposto. Foi adquirida uma imagem radiográfica de uma pequena escada de alumínio, com quatro degraus, o que em configurações normais resultará numa imagem com quatro níveis de preto diferentes.

A radiografia foi obtida com um feixe de raios X de 40 kV e 80 LIA durante 30 minutos, e na revelação imediatamente a seguir, visualmente e pela medição da densidade ótica completamente negra, todos os pontos de leitura apresentam densidade ótica de cerca de 5,56 , o que significa que todos os passos são completamente negros em densidade ótica. A medição de fluorescência foi realizada com o Bruker Artax XRF, uma linha no meio do filme foi digitalizada ponto a ponto, 100 segundos, configuração de aquisição de 50 kV 600 ïï A. A intensidade do pico de prata ao longo da distância é mostrada na figura abaixo, mostrando os detalhes não vistos pelo cruzamento de luz.

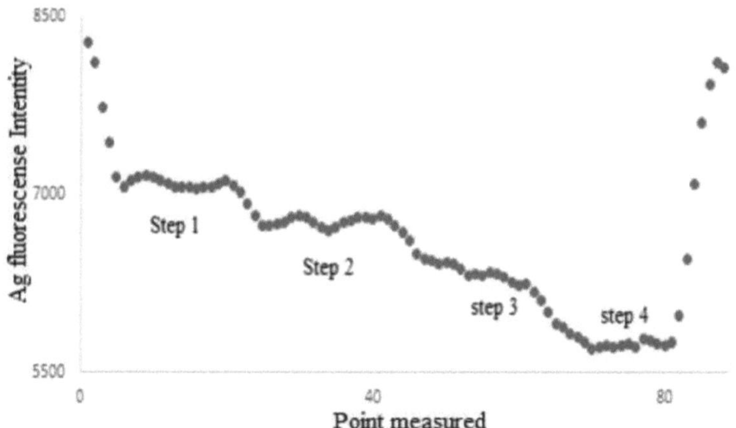

Figura 19: Perfil linear de uma pequena radiografia de escada sobreexposta.

De momento, parece que, para ler toda a imagem, o XRF parece ser a melhor forma. O próximo passo deste trabalho é mapear uma sobreposição ponto-a-ponto com XRF para criar um mapa de concentração de prata que possa ser reconstruído como uma leitura completa da imagem

Capítulo 3

- MATERIAIS E MÉTODOS

3.1- Exposição de filmes

Para obter a tradicional curva H&D, filmes radiográficos foram expostos a feixes de raios X de mesmas intensidades e com a mesma distância foco-filme, variando os tempos. Considerando todas as outras variáveis iguais, a variação do tempo significaria uma variação proporcional da exposição. Assim, a curva H&D tradicional pode ser construída como a densidade ótica em função do tempo de exposição.

Devido à facilidade de manuseamento e às dimensões físicas, foram utilizadas películas dentárias do tipo E da KODAK. Essas películas foram expostas a um feixe de raios X proveniente de um tubo Amptek, modelo Silver-anode Mini-X, a 40 kV e 80 pA, nos tempos de 30, 45, 60, 75, 90, 120, 180, 240, 480, 960, 1440, 2400 segundos, além de uma película não exposta e uma película coberta por luz ambiente (durante 12 h), que serão considerados os tempos "zero" e "infinito", respetivamente.

Para exposições inferiores a 30s, a fim de evitar a interferência de maior proporção no erro da marcação do tempo de ligado e desligado do tubo de raios X, a corrente para 5 pA (16 vezes menor que a configuração original) e então os filmes foram expostos aos tempos de 16, 60, 120 e 240 s, que para a configuração antiga corresponderiam aos tempos de 1, 3,75, 7,5 e 15 segundos.

Deste modo, os tempos 0, 1, 3,75, 7,5, 15, 30, 45, 60, 75,90, 120, 180, 240, 960, 1440 e 2400 segundos podem ser considerados para além de um tempo infinito "Para uma exposição equivalente de 80 pA e 40 kV. A distância foco-filme era de 20 cm. Para converter estes valores de tempo em valores de exposição, mediu-se a velocidade de exposição para a disposição utilizada, mantendo as outras variáveis constantes. Esta taxa foi medida por meio de um contador Geiger-Muller.

3.2 - Revelação de películas

Foi utilizado um kit de revelação de película dentária KODAK. Foram obedecidos os tempos e temperaturas indicados pelo fabricante do produto. Cronologicamente, o procedimento para revelar o filme foi:

- 3 min submerso no revelador;
- 30 s de lavagem;
- 5 minutos de imersão no fixador;
- 10 min de lavagem final; tudo a uma temperatura de 25 ° C.

A secagem foi efectuada à temperatura ambiente através de ventilação artificial.

3.3 - Valores de DO obtidos

Após a revelação, a DO foi medida por um densitómetro X-Rite modelo 341. Trata-se de um aparelho que associa uma fonte estável de luz branca e um luxímetro calibrado para receber o comprimento de onda dessa fonte. A película é inserida entre a fonte e o luxímetro.

detetor, como mostra a figura 20.

Figura 20: Densitómetro utilizado.

A partir da intensidade luminosa medida no processo de calibração (OD = 0) e da intensidade luminosa medida transmitida pela película, o circuito interno do equipamento é programado, através da equação 2, para calcular a densidade ótica da película. Os resultados são representados numa curva de DO por exposição, com escala logarítmica no eixo horizontal. Antes de cada medição, foi efectuada a calibração do zero do equipamento.

3.4 - Curva caraterística por XRF

Após a medição da DO por leitura ótica, as películas são submetidas a uma medição de fluorescência de raios X utilizando um aparelho Amptek XRF (figura 21). A medição é efectuada com 40 kV e 80 pA durante 600 segundos cada.

Figura 21: Tubo de raios X Amptek utilizado para expor filmes

Nesta condição, dois picos são facilmente detectados para a prata: os correspondentes às transições K e L. Para a amostra utilizada e a configuração do equipamento, estes dois picos aparecem numa região sem um valor de base elevado, o que diminui o erro percentual do cálculo da área. No entanto, o pico L, centrado na energia de 2,98 keV, é muito parecido com a energia do árgon, centrada em 2,96 keV. O árgon está presente nas medições porque todas as experiências foram feitas ao ar livre e estes dois picos estão sobrepostos pela proximidade energética. Por este motivo, foi utilizado o valor da área do pico relativo ao K de emissão da prata, cuja energia média é de 22,1 keV e que está livre da interferência da fluorescência de outro elemento presente no filme. Após as medições, os valores foram comparados com os valores de densidade ótica, para comparação e ajuste.

3.5 - Imagens do mapeamento por fluorescência de raios X

É importante notar que a radiografia efectuada para este trabalho não é um padrão e qualquer configuração diferente pode apresentar resultados diferentes. É razoável pensar que este método pode ser adaptado a qualquer utilização de radigrafia, mas são necessários testes para saber até que ponto é adaptável.

Para mostrar a eficácia do método de utilização do XRF para digitalizar radiografias, foram escolhidos objectos que simulassem as caraterísticas desejadas. Como a técnica parece ser uma otimização para filmes sobre-expostos, foram utilizados materiais com pouca atenuação. O ideal seria que as amostras tivessem uma parte com alto poder de atenuação e outra não, para que as imagens fossem facilmente comparadas com a digitalização convencional.

Os objectos A, B, C e D (Figura 22) foram radiografados utilizando um tubo dentário SIEMENS UNIMAX 2B e as películas dentárias Kodak tipo E.

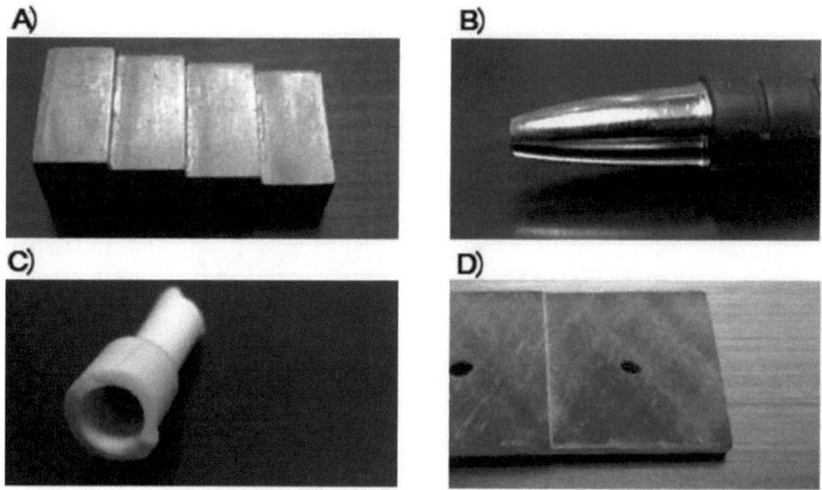

Figura 22: Uma pequena escada de alumínio (A), uma caneta com mola (B), um parafuso no seu encaixe (C) e um pedaço de fibra de vidro com um orifício (D). Todos os objectos foram escolhidos para criar radiografias que só podem ser vistas pelo mapa de fluorescência de raios X

A principal preocupação na realização destes testes foi escolher uma tensão de tubo e uma corrente suficientemente grande para saturar a imagem para os instrumentos ópticos sem saturar completamente a concentração de prata. O objetivo desejado seria deixar estas definições de modo a otimizar o contraste da nova técnica. Estes procedimentos foram efectuados principalmente através de várias tentativas.

Para a revelação destas películas, foi utilizado um kit de revelação de películas dentárias KODAK. Mais uma vez, foram obedecidos os tempos e temperaturas indicados pelo fabricante do produto.

Após a revelação, os filmes foram mapeados manualmente num equipamento de microfluorescência Bruker Artax-300, utilizando uma exposição de 100 segundos, 600 pA de corrente e 40kV. A distância focal do feixe era de 650 pm de diâmetro e a distância entre dois pontos medidos era também de 500 pm.

Foram utilizados posicionadores manuais de precisão para efetuar a montagem (figura 23). Com estes posicionadores, a variação pode ser feita da mesma forma que numa mesa XY, e a posição a partir da qual a medição foi feita pode ser associada a uma coordenada. Foram efectuadas várias medições, variando a posição do filme, de modo a varrer toda a área onde estaria a imagem saturada.

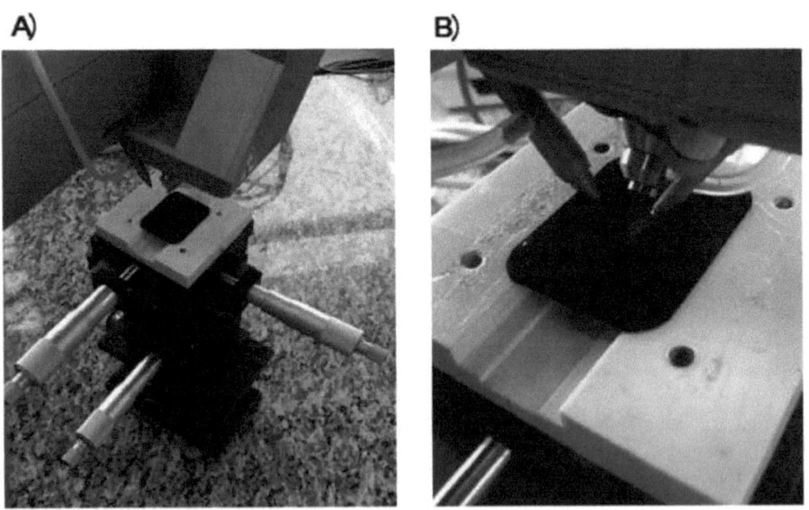

Figura 23: O suporte utilizado permite-lhe variar em X e Y e criar uma tabela com coordenadas.

Em cada medição foi gerado um espetro, a partir do qual foi medida a área do pico relativo à emissão K da prata, anotando-se também a coordenada da película onde foi efectuada essa medição. Estes valores foram depois armazenados numa lista com três colunas: Coordenada X, coordenada Y e valor da área, conforme representado em

figura 24.

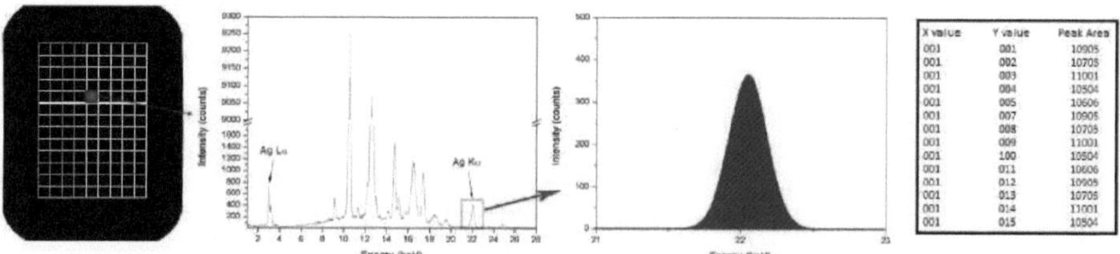

X value	Y value	Peak Area
001	001	10905
001	002	10705
001	003	11001
001	004	10504
001	005	10606
001	007	10905
001	008	10705
001	009	11001
001	100	10504
001	011	10606
001	012	10905
001	013	10705
001	014	11001
001	015	10504

Figura 24: Cada coordenada está associada a um ponto dd onde foi efectuado um espetro. A partir do espetro é possível calcular a área abaixo do pico K da prata.

Uma rotina computacional criada gera uma imagem onde o pixel localizado pelas coordenadas da lista terá um valor de cor proporcional a esta área do pico de prata nesta medida. Para isso, as medidas serão normalizadas pelo maior valor, assim, para valores altos de prata, o valor do pixel será próximo de 1, e para valores baixos, próximo de zero. A reconstrução da imagem foi feita através do software OCTAVE e sua linguagem de programação própria. A rotina pode ser vista abaixo na figura 25:

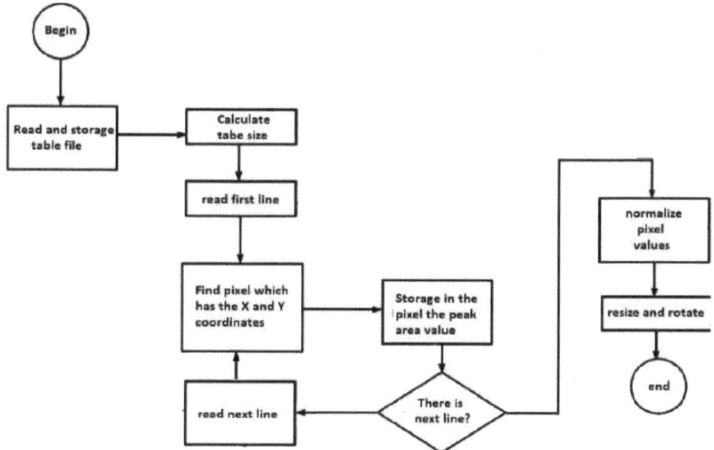

Figura 25: Rotina computacional para converter dados da tabela em imagem.

Capítulo 4

- RESULTADOS E DISCUSSÃO

As etapas realizadas nos procedimentos experimentais não foram planeadas em simultâneo, e têm uma relação de causa e efeito entre si: a conclusão do resultado de um procedimento motivou a etapa seguinte. Dessa forma, é interessante apresentar e discutir os resultados mostrando a relação cronológica entre eles.

4.1 - Curva tradicional de H&D

A taxa de exposição medida para a configuração onde foi construída a curva de densidade ótica foi de 1,9 mR / s. Desta forma, a variação do tempo na montagem da curva pode tornar-se exposição se multiplicada por esta taxa.

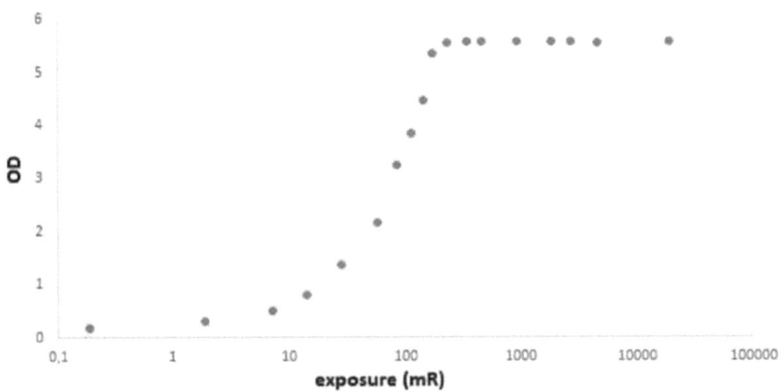

Figura 26: Curva H&D tradicional: Valores saturados com uma densidade ótica de aproximadamente 5,6

É importante notar para este resultado e para os outros que para efeitos práticos o

Os valores de densidade ótica obtidos são, na sua quase totalidade, estáveis. A exceção são os valores da densidade ótica saturada, em que diferentes medições podem ter valores que variam em torno de uma média. Os resultados são apresentados no gráfico da figura 26.

A exposição de zero segundos foi considerada igual a 0,1 segundos, porque o eixo em escala logarítmica não contém o valor zero. Da mesma forma, o filme exposto à luz do dia (como uma exposição infinita) foi considerado com tempo de exposição igual a 10000 segundos. Como se trata de sub e superexposição, a substituição desses valores por valores mais extremos não alteraria a curva, apenas exigiria mais espaço para áreas fora da região útil da curva

Dois factos são relevantes para serem notados nesta curva: O primeiro é em relação à saturação abrupta do ombro, muito menos branda do que a prevista pelo modelo teórico; o segundo é a flutuação presente apenas em O.D. elevados.

Esta flutuação era inerente à metodologia adoptada e parece estar ligada à flutuação estatística da intensidade do feixe de luz que chega ao detetor depois de atravessar a película classificada. Tem uma gama dinâmica identificável e relativamente pequena em relação aos dados avaliados.

Esta curva foi inicialmente motivada pela falta de dados experimentais do trabalho de simulação MonteCarlo, que pudessem validar os dados ou explicar as principais questões resultantes. Uma diferença marcante pode ser observada nos resultados teóricos mostrados na figura 10 e nos resultados experimentais do gráfico da figura 26: a suavidade esperada do ombro na teoria não se materializou na prática.

Para além disso, para diferentes valores de velocidade e gama dinâmica, os resultados teóricos prevêem diferentes valores de saturação; na prática, com o equipamento utilizado a densidade ótica mais elevada, subtraindo o valor da base, ronda sempre os 5,4. No trabalho anterior considerou-se que esta saturação se devia à sensibilização dos grãos de prata na sua totalidade, pelo que todas as equações deveriam ser padronizadas a favor da D.O. máxima.

4.2 - Curva caraterística por XRF

Os valores da área de pico na fluorescência variam de quatro a cinco dígitos. Assim, é possível aceitar que qualquer medição tem uma pequena flutuação. Mas, ao contrário da densidade ótica, os valores mais baixos da fluorescência são menos estáveis. Os dados relativos a estes valores são apresentados na figura 27.

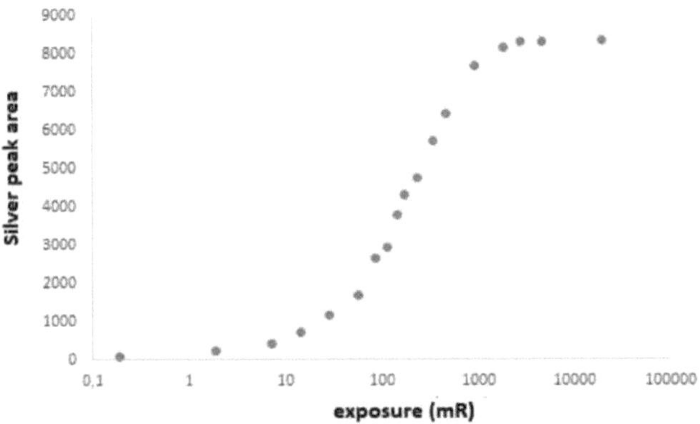

Figura 27: curva caraterística por XRF. Os valores saturam com aproximadamente 8400 contagens.

O facto importante desta medição é a transição suave entre a região linear e a região saturada. A figura 26 mostra a saturação perto de 500mR enquanto a 27 mostra por volta de 2000mR. Quando se tenta ajustar estas duas curvas, provavelmente encontrar-se-á algo como a figura 17.

Se lembrarmos que a curva 17 é semelhante à curva 18, é possível notar que o modelo utilizado no trabalho anterior, para aplicação do método de Monte-Carlo, está na verdade medindo a concentração de prata e não a densidade ótica. Assim, como a fluorescência é mais precisa na medição da concentração de prata nesta faixa de valores, o modelo se ajusta melhor nas medidas de fluorescência.

A alternativa da utilização da fluorescência de raios X também mostrou ser capaz de construir uma curva caraterística morfologicamente semelhante à teórica. A falta de transição entre a parte linear e o ombro parece não existir mais. Deste modo, é possível pensar que a limitação da curva H & D era, na realidade, uma limitação do instrumento ótico utilizado para a calibração indireta da concentração de prata.

4.3 - Imagens de mapas XRF

Os pequenos objectos (figura 22) foram radiografados com sobre-exposição intencional, de modo a que pelo menos parte da imagem ficasse fora da gama dinâmica em limitação ótica. Como era de esperar, no resultado apresentado na primeira imagem de cada figura (28, 29, 30 e 31), a imagem visualizada ou digitalizada por transmissão de luz tem uma densidade ótica máxima, e o problema não é a gama visível ou o contraste, pois por mais que se altere a imagem não aparece (segunda imagem de cada figura).

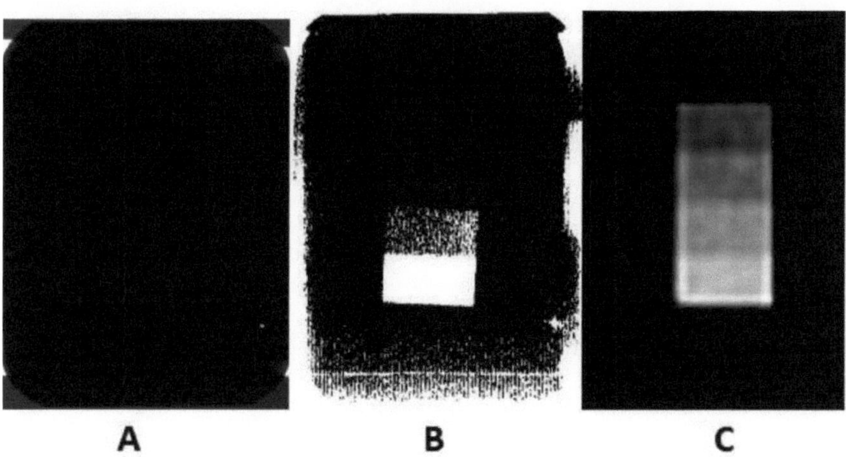

Figura 28: A radiografia do objeto A (uma escada de alumínio), digitalizada (A), digitalizada com o melhor processamento possível para visualizar os degraus (B), e reconstrução por mapeamento de raios X (C)

ABC

Figura 29: A radiografia do objeto B (uma caneta de plástico com estruturas metálicas), digitalizada (A), digitalizada com o
melhor processamento possível para visualizar os passos (B), e reconstrução por mapeamento de raios X (C).

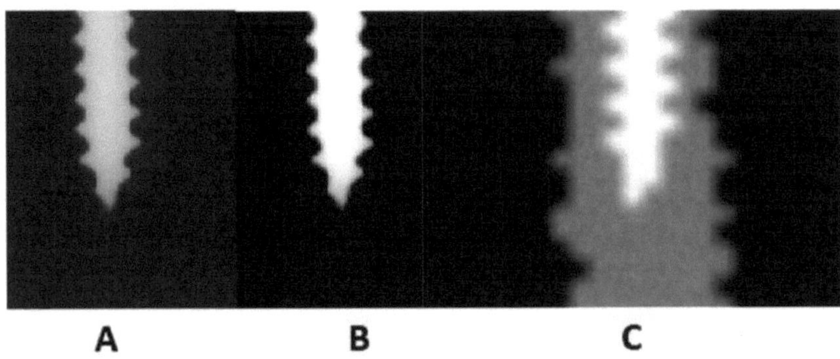

Figura 30: A radiografia do objeto C (um parafuso metálico dentro de um encaixe de plástico), digitalizada (A), digitalizada com o melhor processamento possível para visualizar os passos (B), e reconstrução por mapeamento de raios X (C)

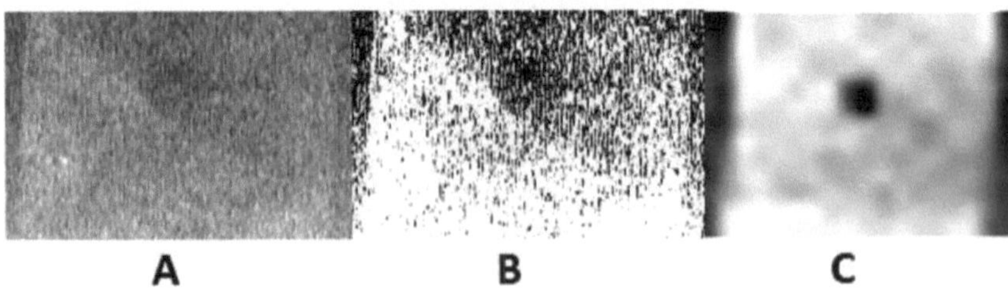

Figura 31: A radiografia do objeto C (um objeto de fibra de vidro), digitalizada (A), digitalizada com o melhor processamento possível para visualizar os passos (B) e reconstrução por mapeamento de raios X (C)

No entanto, ao reconstruir a imagem através dos dados obtidos pelo mapeamento 11XRF, verificou-se o que era esperado: a parte da imagem que estava escondida pela

saturação foi revelada, sendo possível recriar imagens de filmes sobre-expostos, dentro da gama dinâmica relativa às medições XRF (terceira imagem de cada figura).
A metodologia apresentada para a obtenção destas imagens tem limitações técnicas, não sendo possível através desta, ter uma avaliação total da qualidade da imagem obtida.
Entre os factores técnicos mais importantes, podemos mencionar o passo entre dois pontos medidos, que se referem a dois pixels na imagem final, e o tamanho focal do feixe de raios X, que indica o tamanho da área em que será feita uma medição. Estes dois factores interferem diretamente na resolução espacial da imagem reconstruída e podem afetar a precisão dos detalhes.

O varrimento ótico e o varrimento por fluorescência de raios X podem ser vistos e comparados acima nas figuras 28, 29, 30 e 31 para os objectos A, B, C e D da figura 22, respetivamente.
A imagem A da figura 28 é a radiografia de um objeto padrão para testes de qualidade radiográfica. Tentou-se com sucesso fazer com que alguns degraus estivessem dentro da faixa útil de densidade ótica e os outros fora desta faixa, sendo visíveis apenas pela técnica de fluorescência. O resultado apresentado na figura 28 B mostra também um tratamento em que se tentou obter informação sobre os degraus não visíveis de forma interactiva.
Esta imagem fora da janela de visualização poderia ser uma justificação para o não aparecimento de todos os degraus, mas como se mostra na figura 28B, não o é. A imagem reconstruída a partir da fluorescência de raios X não é apresentada da mesma forma, pois já mostra os quatro degraus. Isso não quer dizer que não houve processamento de brilho e contraste, pois a partir do momento em que se faz a reconstrução de uma imagem, a escolha dos melhores valores para esses parâmetros é inerente.
O objeto B é, de certa forma, o mais simbólico dos quatro, pois apesar da falta de resolução espacial, apresenta uma certa riqueza de detalhes. Pelo método tradicional é possível ver a parte metálica da caneta: a ponta e a mola. A escolha deste objeto foi

exatamente porque é possível ver a imagem destes objectos digitalizados por transmissão de luz e compará-los na mesma posição, uma vez que não pode haver ambiguidade quanto à orientação da imagem.

A imagem reconstruída por XRF mostra a parte plástica que os envolve, mostra claramente o efeito da borda, como é de se esperar de uma amostra com aparência redonda. Além disso, a amostra tem uma forma irregular, diferente da imagem do objeto A, e mostra que a reconstrução não afectou a forma do objeto de raios X.

Das quatro imagens, a imagem do objeto C apresenta maior imprecisão de detalhes. Isto deve-se ao facto de, para este objeto, a imagem ter sido testada perto das suas condições de limite, com a região plástica quase perto da saturação para a curva XRF. De facto, a parte de plástico onde o parafuso está inserido pode ser vista com bastante imprecisão. O valor médio do pixel da região plástica é de cerca de 0,88, enquanto a média para a região escura (vazia) é de cerca de 0,92 para um espaço onde o valor máximo é 1 e, provavelmente, a parte vazia não tem valor graças ao ruído da imagem. Ou seja, a diferença entre os dois valores (plástico e vazio) é metade da variação média do ruído. Desta forma, foi necessário aumentar o contraste para valores quase binários, causando alguma deformação neste. Por este motivo, a parte plástica parece deformada. Como o objetivo para esta amostra era precisamente testar estas condições de fronteira, e a imagem, ainda que deformada, apareceu, a técnica para este objeto foi considerada bem sucedida. Acredita-se que uma maior amostragem (mais pontos por área) e tempos de aquisição mais longos para cada ponto (para diminuir as flutuações estatísticas do sinal XRF) contribuam para uma imagem mais exacta.

O objeto D é composto por um único material: fibra de vidro. A radiografia digitalizada por vias convencionais dificilmente distingue a presença ou não do objeto. A reconstrução dos dados por XRF mostra alguns detalhes que sugerem a direção das fibras.

4.4 - Consequências:

A utilização do sinal de fluorescência de raios X em substituição à densidade ótica foi bem sucedida no objetivo proposto, contornando o problema da existência de um valor máximo de concentração de prata. A curva caraterística feita através do XRF ainda teve um bom ajuste, mostrando-se puramente proporcional à concentração de prata, e de uso conveniente, além de comprovar o fato da limitação da densidade ótica à curva H & D.

A reconstrução de imagens de filmes radiográficos através do mapeamento da concentração de prata foi capaz de revelar os detalhes da região escura para a densidade ótica, mostrando detalhes que não poderiam ser vistos se visualizados ou digitalizados de forma tradicional. Foi possível obter radiografias cujas imagens só podem ser vistas quantitativamente com esta Metodologia. A digitalização por micro fluorescência ainda precisa ser melhor caracterizada, mas mostra-se promissora.

Por outro lado, haveria velocidades cujas películas não poderiam ser feitas devido à sua pequena gama dinâmica. Com a digitalização por XRF, esta limitação deixaria de existir e seria possível construir filmes radiográficos adequados para o efeito. Estas películas teriam velocidades até então inimagináveis com um aumento quase incondicional da concentração de halogeneto de prata. A limitação deixaria de ser a pequena gama dinâmica que faz com que a base DO mais o nevoeiro estejam já na região de saturação, mas sim as consequências da espessura de prata da emulsão, como a diminuição da resolução espacial ou as dificuldades de revelação.

A capacidade destas novas películas seria ainda aumentada pelo aumento da secção de choque por radiação ionizante, em consequência do aumento da concentração de prata relativamente aos materiais de base e gelatina da emulsão.

REFERÊNCIAS

SOCIEDADE AMERICANA DE ENSAIOS E MATERIAIS. *Standard guide for illuminators usedfor viewing industrial radiographs (Guia padrão para iluminadores utilizados na visualização de radiografias industriais).* West Conshohocken, 2000.

AMPTEK. *Fluorescência de raios X (XRF):* Compreender os raios X caraterísticos. AMETEK Inc., 2015. 6 p. Disponível em: <http ://amptek. com/pdf/caracteristic xrays. pdf>. Acessado em: 15 jan. 2016.

ATIX, F.H. *Introduction to Radiological Physics and Radiation Dosimetry (Introdução à Física Radiológica e Dosimetria das Radiações).* 1. ed. Wisconsin: Wiley, 1986.

BERG, W.F. Formação de imagens latentes em emulsões fotográficas de gelatina de halogeneto de prata. *Rep. Prog. Phys,* UK, v. 11, n. 1, p. 248-297, 1947.

BUSHONG, S.C. *Radiologic Science for Technologists.* 9. ed. St Louis: Elsevier Mosby, 2008.

BUTSON, M. Medições de extrapolação da dose superficial com filme radiográfico. *Phys. Med. Biol.,* Reino Unido, v. 49, n. 13, p. 197-201, 2004.

CANEVARO, L. Aspectos físicos e técnicos da radiologia determinística. *Rev Bras Fis Med,* Brasil, v. 3, n. 1, p. 101-115, 2003.

CHIKIRDIN, E.G; ZAKHAROVA, V.I.; CONTROLO, F. Estabilidade do processamento fotoquímico da película radiográfica. *Biomed. Eng.,* USA, v. 30, n. 5, p. 249-251, 1996.

CLARKE, R.H.; VALENTIN, J. A história do icrp e a evolução de suas políticas. In: CONGRESSO DA ASSOCIAÇÃO INTERNACIONAL DE PROTECÇÃO DAS RADIAÇÕES, 12., 2008, Buenos Aires, Argentina. *Anais da ICRP.* Canadá: ICRP, 2009. p. 75-110.

DIXON, R.L.; EKSTRAND, K.E. Heuristic model for understanding x ray film characteristics (Modelo heurístico para compreender as caraterísticas da película de raios X). *Med. Phys.,* USA, v. 3, n. 5, p. 340-345, 1976.

DOLER, W. et al. Investigação das propriedades de imagem de um scanner de película de raios X. *Phys. Med. Biol.,* UK, v. 39, n. 5, p. 917-922, 1994.

EISBERG, R.; RESNIK, R. *Fisica Quantica: Atomos, Moleculas, Solidos, Nhcleos e Particulas.* 7. ed. Nova Iorque: Wiley, 1988.

FRANCIS, J. *Film Grain is Binary (*ou será?).* Digital Artform, 2009. Disponível em: <http://www.digitalartform.com/archives/2009/07/film_grain_is_b.html>. Acessado em: 19 fev. 2016.

EMPRESA DE ELECTRICIDADE GERAL. *Radiografia industrial:* técnicas de formação de imagem. Paris, 2007.

GONCALVES, E.A.S . et al. Simulação computacional de um filme radiográfico. In: CONFERÊNCIA INTERNACIONAL NUCLEAR ATLÂNTICA, 2013, Recife, Brasil. *Anais...* . [S.l.]: IAEA, 2013.

GONCALVES, E.A.S. et al. Validação experimental de uma simulação computacional de filme radiográfico. In: CONFERÊNCIA INTERNACIONAL NUCLEAR ATLÂNTICA, 2015, São Paulo, Brasil. *Anais*. [S.l.]: ABEN, 2015.

HANDEE, W.R. *Medical imaging physics*. 4. ed. Nova Iorque: wiley-liss, 2002.
HEATH, M. Radiografia digital: o futuro? *Radiography,* UK, v. 1, p. 49-60, 1995.

HEYSSEL, R.M.; MENEELY, G Ionizing radiation. *Am J Med,* USA, v. 29, n. 2, p. 187-192, 1960.

IMBAR, D.; SOVAL, A.R. Uma nova tecnologia para otimizar a radiologia baseada em película. *Journal of Digital Imaging*, v. 11, n. 3 suppl 1, p. 192 - 197, 1998.

KASPUTIN, V.I.; NEDAVNII, O.I.; OSIPOV, S.P Um modelo matemático generalizado para a produção e digitalização de imagens radiográficas. *Russ. J. Nondestruct+*, Rússia, v. 49, n. 5, p. 270-277, 2013.

KEVLES, B.H. *Naked to the bone:* medical imaging in the twentieth century [*Nu até os ossos:* imagens médicas no século XX]. New Jersey: Rutgers University Press, 1997.

KODAK. *Os fundamentos da radiografia*. Rochester: Kodak Eastman company, 1980. *Caraterísticas sensitométricas dos filmes de raios X.* Kodak Eastman Company, 2015.
Disponível em: <http ://webstag.kodak.cz/U S/en/business/aim/industrial/ndt/ literature/radiography/16.shtml>. Acedido em: 19 fev. 2016.

KODAK EASTMAN COMPANY *A imagem fotográfica latente.* 2015. Disponível em:
<http://webstag.kodak.cz/US/en/business/aim/industrial/ndt/literature/radiography/ 18.shtml>. Acedido em: 19 fev. 2016.

LI, H.H. et al. Garantia de qualidade específica do paciente para a entrega de (60)co terapia de radiação modulada de intensidade sujeita a um campo magnético lateral de 0,35-t. *Int J Radiat Oncol Biol Phys,* EUA, v.91, n. 1, p. 65-72, 2015.

LOW, D. A importância da dosimetria 3d. In: CONFERÊNCIA INTERNACIONAL SOBRE DOSIMETRIA DE RADIAÇÃO 3D, 8., 2014, Ystad Saltsjobad, Suécia. *J. Phys:* Conf. ser. UK: IOP Science, 2015. p. 1-7.

MAEO, S.; KRAMER, M.; TANIGUCHI, K. Desenvolvimento de um tubo de raios X de microfoco com múltiplas fontes de excitação. *Rev. Sci. Instrum,* USA, v. 80, p. 033108-1- 033108-5, 2009.

NASCIMENTO, N.L.F. Breve história das patentes de tubos de raios X. *World patent information,* Reino Unido, v. 37, p. 48-53, 2014.

ODENDORF, W.H.; ASTRAHAN, M.A. Teor regional de prata da película radiográfica determinado por fluorescência de raios X com dosimetria ótica. *Med. Phys.,* USA, v. 10, n. 2, p. 246-247, 1983.

PEREIRA, A. M. R. *Estudo do Impacto da Descoberta dos Raios-X e das suas Aplicaqdes Medicas em Portugal.* 2012. 211 f. Dissertagao (Mestrado em Quimica, Saude e Nutrigao) - Universidade de Lisboa, Lisboa, 2012.

PODGORSAK, E.B. *Radiation physics for medical physicists.* 2. ed. Berlim: springer, 2010.

SALVAT, F. *Penelope:* Um sistema de código para a simulação Monte Carlo do transporte de electrões e fotões. Paris: Agência da Energia Nuclear, 2001.

SANTOS, M. H. *Desenvolvimento de um simuladorpara espectrometriapor fluorescencia de raios X usando computaqao distribuida.* 2012. 116 f. Dissertagao (Mestrado em Fisica) - Instituto de Fisica Armando Dias Tavares, Universidade do Estado do Rio de Janeiro,Rio de Janeiro, 2012.

SPRAWS, P *The Physical Principles of Medical Imaging.* 2. ed. [S.I.]: Spraws Education Foundation, 1995. Disponível em: <http://www.sprawls.org/ppmi2/>. Acedido em: 19 fev. 2016.

TERAMOTO, A. et al. Desenvolvimento de um sistema de controlo de qualidade para detectores de painel plano. *Radiol Phys Technol,* Japão, v. 4, n. 2, p. 164-172, 2011.

TING, N.A.; BROADBENT, J.M.; DUNCAN, W.J. Radiografia dentária na Nova Zelândia: Digital versus filme. *N. Z. Dent J.,* New Zeland, v. 109, n. 3, p. 107-114, 2013.

VALE, S. Pequena história da radiografia. *Contemporanea,* Brasil, v. 13, p. 58-67, 2009.

VAN BATTUM, L.J.; HUIZENGA, H. Heuristic model for understanding x ray film characteristics. *Med. Phys.,* USA, v. 33, n. 7, p. 2396-2403, 2006.

WAGNER, L.K. et al. Eficiência da dose e efeitos da resolução e da percetibilidade do pormenor do ruído na ampliação radiográfica. *Med. Phys.,* USA, v. 8, n. 1, p. 24-32, 1981.

WEBB, J.H. Teoria da formação da imagem latente fotográfica. *J applphys,* EUA, v. 11, p. 18-34, 1940.

WEBB, S. *Physics of medical imaging.* 1. ed. Londres: Taylor & Francis Group, 1988.

YAFFE, M.J.; MAWDSLEY, G.E. Quantificação da prata em película radiográfica. In: APPLICATION OF OPTICAL INSTRUMENTATION IN MEDICINE, 9., 1981, SanFrancisco. *SPIEproceedings*. EUA: SPIE, 2015. p. 80-85.

ZHAO, C. et al. Gerador de imagens de raios X com sensor de pixel ativo cmos de grande área para tomossíntese digital da mama: Análise, modelação e caraterização. *Med. Phys.*, USA, v. 42, n. 11, p. 6294-6308, 2015.

ZHU, X.R. et al. Caraterísticas das curvas sensitométricas das películas radiográficas. *Med. Phys.*, USA, v. 30, n. 5, p. 912-919, 2003.

Printed by Books on Demand GmbH, Norderstedt / Germany